T0198935

essentials

essentials liefern aktuelles Wissen in konzentrierter Form. Die Essenz dessen, worauf es als „State-of-the-Art" in der gegenwärtigen Fachdiskussion oder in der Praxis ankommt. *essentials* informieren schnell, unkompliziert und verständlich

- als Einführung in ein aktuelles Thema aus Ihrem Fachgebiet
- als Einstieg in ein für Sie noch unbekanntes Themenfeld
- als Einblick, um zum Thema mitreden zu können

Die Bücher in elektronischer und gedruckter Form bringen das Expertenwissen von Springer-Fachautoren kompakt zur Darstellung. Sie sind besonders für die Nutzung als eBook auf Tablet-PCs, eBook-Readern und Smartphones geeignet. *essentials:* Wissensbausteine aus den Wirtschafts-, Sozial- und Geisteswissenschaften, aus Technik und Naturwissenschaften sowie aus Medizin, Psychologie und Gesundheitsberufen. Von renommierten Autoren aller Springer-Verlagsmarken.

Weitere Bände in der Reihe http://www.springer.com/series/13088

Klaus Stierstadt

Ferrofluide im Überblick

Eigenschaften, Herstellung und
Anwendung von magnetischen
Flüssigkeiten

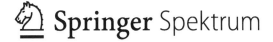

Klaus Stierstadt
Universität München, München, Deutschland

ISSN 2197-6708   ISSN 2197-6716   (electronic)
essentials
ISBN 978-3-658-32707-1   ISBN 978-3-658-32708-8   (eBook)
https://doi.org/10.1007/978-3-658-32708-8

Die Deutsche Nationalbibliothek verzeichnet diese Publikation in der Deutschen Nationalbibliografie; detaillierte bibliografische Daten sind im Internet über http://dnb.d-nb.de abrufbar.

Planung/Lektorat: Margit Maly
Springer Spektrum ist ein Imprint der eingetragenen Gesellschaft Springer Fachmedien Wiesbaden GmbH und ist ein Teil von Springer Nature.
Die Anschrift der Gesellschaft ist: Abraham-Lincoln-Str. 46, 65189 Wiesbaden, Germany

Was Sie in diesem *essential* finden können

- Sie erhalten einen Überblick über die Struktur und die Eigenschaften magnetischer Flüssigkeiten.
- Sie lernen, wie man solche Flüssigkeiten herstellt und wie man sie mit Magnetfeldern bewegen kann.
- Sie erfahren, welche technischen Möglichkeiten in diesen Substanzen stecken, und Sie lernen eine Reihe von Geräten und Vorrichtungen kennen, die damit arbeiten.
- Sie bekommen einen Überblick über die medizinischen Verwendungsmöglichkeiten magnetischer Flüssigkeiten zur Krebsbekämpfung und in der Medizintechnik.

Vorwort

Die magnetische Kraft hat uns Menschen schon seit einigen tausend Jahren fasziniert. Sie ist eine Eigenschaft aller Materie, aber sie ist nur bei wenigen Stoffen so stark, dass sie im Alltag merkbar wird. Das sind Eisen, Nickel, einige andere Metalle und deren Verbindungen. Als eine große Überraschung kam daher vor 50 Jahren die Erfindung magnetischer Flüssigkeiten auf der Basis von Wasser, Ölen, Estern usw. Als Physiker und Ingenieur ist man natürlich besonders interessiert an solchen Substanzen mit neuartigen Eigenschaften.

Um 1970 bekam ich von einem Kollegen aus den USA ein kleines Fläschchen mit einer rabenschwarzen Flüssigkeit geschenkt, die sich mit einem normalen Dauermagneten bewegen ließ. Dieses Fläschchen stand etwa zehn Jahre auf meinem Schreibtisch. Und alle paar Tage berührte ich es mit dem Magneten und freute mich an den bizarren Mustern, welche die Flüssigkeit dabei bildete. Um 1980 kam mir dann die Idee, damit etwas ganz Neues zu machen, was mit normalen Flüssigkeiten nicht möglich war, zum Beispiel Konvektion im schwerelosen Zustand.

Aber ich war nicht der Einzige, der mit solchen Fläschchen gespielt hat. Viele Kollegen auf der ganzen Welt hatten Ideen, was man mit einem flüssigen magnetischen Stoff alles machen könnte. Und bald kamen auch die ersten Produkte auf den Markt, in denen technische Probleme mit magnetischen Flüssigkeiten gelöst wurden. Das waren Lautsprecher mit erheblich verbesserter Klangqualität oder vakuumdichte Drehdurchführungen für Aufdampfanlagen und Satelliten, ferner Bremsen und Kupplungen auf der Basis magnetischer Flüssigkeiten. Im Lauf der letzten Jahrzehnte wuchs dann die Zahl der möglichen Anwendungen solcher Substanzen in der Technik und in der Medizin rapide an. Heute findet alle drei Jahre eine Internationale Konferenz (ICMF) über magnetische Flüssigkeiten statt, die letzte 2019 in Paris. Dort werden regelmäßig die neuesten Anwendungsmöglichkeiten diskutiert, die in weltweit etwa 100 Instituten erdacht werden, in denen mit magnetischen Flüssigkeiten gearbeitet wird.

Auf den folgenden Seiten erfahren Sie alles, was man als Erfinder über solche Flüssigkeiten wissen sollte. Bei der Abfassung dieser Übersicht haben mir folgende Freunde und Kollegen geholfen: Christoph Alexiou, Arnim Nethe, Stefan Odenbach, Jürgen Pfähler, Reinhard Richter, Dirk Schüler und Klaus Zimmermann. Ihnen allen danke ich herzlich, auch für die Überlassung schöner Abbildungen.

Klaus Stierstadt

Inhaltsverzeichnis

Kinder spielen gern mit Wasser, und auch mit Magneten (Abb. 1.1). Das Non-plusultra wäre natürlich magnetisches Wasser. Aber das gibt es leider nicht. Oder doch? Auch Physiker würden nämlich gern mit sowas spielen. Und sie haben tatsächlich „magnetisches Wasser" erfunden. Allerdings ist es ganz schwarz (Abb. 1.2). Wir nennen es **Ferrofluid,** weil es sich ähnlich wie ein flüssiger Ferromagnet verhält (vom lateinischen: *ferrum,* Eisen). Die merkwürdigen schwarzen Spitzen, die dieses Ferrofluid zeigt, erklären wir später (s. Abschn. 3.4).

1.1 Das Geheimnis des magnetischen Wassers

Ferrofluide kommen in der Natur nicht vor, sondern sind künstlich hergestellte Substanzen [3, 13]. Sie wurden 1965 von Papell erfunden [1] und zwar für die Raumfahrttechnik. Man wollte damit die Treibstoffzufuhr in den Raketenmotoren regulieren. Zwar gibt es auch in der Natur flüssige magnetische Stoffe: flüssiger Sauerstoff, Helium-3 bei sehr tiefer Temperatur, Salzlösungen und flüssige Phasen vieler Elemente. Aber alle diese Substanzen sind **paramagnetisch.** Das heißt, die von einem Dauermagneten auf sie ausgeübte Kraft ist nur etwa ein Tausendstel derjenigen, die auf Eisen wirkt. Sie ist daher im Alltag unmerkbar klein. Dagegen ist die auf künstlich hergestellte Ferrofluide wirkende Kraft vergleichbar mit derjenigen auf Eisen.

Die modernen Ferrofluide bestehen aus sehr kleinen Teilchen von **Magnetit,** die in einer normalen Flüssigkeit suspendiert sind, zum Beispiel in Wasser oder in Öl. Es handelt sich dabei also um **Kolloide.** Der darin enthaltene Magnetit ist das als schwarzer Rost bekannte Eisenoxid Fe_3O_4. Die spätere Abb. 2.1 zeigt ein stark vergrößertes Bild eines solchen Ferrofluids. Die Magnetitteilchen sind im Mittel 10 Nanometer (nm) groß, das heißt, sie haben zehn millionstel Millimeter

K. Stierstadt, *Ferrofluide im Überblick*, essentials,
https://doi.org/10.1007/978-3-658-32708-8_1

Abb. 1.1 Die Spielzeuge der jungen Physiker

Abb. 1.2 Die schwarze magnetische Flüssigkeit wird mit zwei Magneten vom Boden des Gefäßes hochgezogen (Foto: The5thorseman). Man findet solche und ähnliche Experimente in Geschäften für wissenschaftliches Spielzeug und in naturwissenschaftlichen Museen

Durchmesser. Dass sie so klein sein müssen ist notwendig, damit sie in der Trägerflüssigkeit schweben bleiben und nicht infolge der Schwerkraft zu Boden sinken. Ihre Dichte ist nämlich etwa dreimal so groß wie die der umgebenden Flüssigkeit. Wenn aber die Teilchen klein genug sind, dann verhindert die thermische Bewegung der Flüssigkeitsmoleküle, dass sie sedimentieren.

Will man ganz genau sein, so ist die Erfindung von 1965 doch nicht mehr neu. Schon im alten China gab es eine ähnliche Substanz, die schwarze Tusche zum

Schreiben und für Zeichnungen. Sie bestand aus in Wasser oder Öl suspendierten Teilchen von Titanomagnetit ($Fe^{2+}(Fe^{3+},Ti)_2O_4$). Die Chinesen beherrschten schon damals die Kunst, genügend kleine Teilchen herzustellen, und zwar durch tagelanges Zerreiben der Substanzen zwischen Steinen. Und sie konnten diese Teilchen gegen Koagulation stabilisieren, nämlich durch Zugabe von Eiweiß, Milch oder Spucke. Die magnetischen Eigenschaften ihrer Tusche kannten sie jedoch noch nicht, obwohl sie schon natürliche Dauermagnete besaßen. Auch die modernen Ferrofluide kann man übrigens zum Drucken von Schriftstücken verwenden (s. Abschn. 5.4). Wir wollen nun zunächst die Bedingungen für die Stabilität der Ferrofluide betrachten sowie die Kräfte, die in ihnen wirken.

1.2 Die Stabilität von Kolloiden

Vielfach verwendbar sind Ferrofluide nur dann, wenn die Teilchen in der Trägerflüssigkeit lange Zeit suspendiert bleiben und nicht sedimentieren. Dazu müssen sie mindestens so klein sein, dass ihre potenzielle Energie E_p im Schwerefeld kleiner ist als ihre thermische Energie E_t. Dann nämlich wird ein auf Grund der Erdanziehung sinkendes Teilchen immer wieder durch thermische Stöße der umgebenden Moleküle emporgehoben und bleibt in der Trägerflüssigkeit in jeder Höhe schweben. Es gilt

$$E_p = g h V \Delta\rho \qquad (1.1)$$

mit der Erdbeschleunigung $g = 9{,}81$ m/s^2, der Gefäßhöhe h, dem Teilchenvolumen $V = \pi d^3/6$ (Durchmesser d) und der Dichtedifferenz $\Delta\rho$ zur umgebenden Flüssigkeit. Die thermische Energie ist ihrerseits von der Größe

$$E_t \approx kT \qquad (1.2)$$

mit der Boltzmann-Konstante $k = 1{,}38 \cdot 10^{-23}$ J/K. Soll E_p kleiner als E_t sein, so ergibt sich für den Teilchendurchmesser

$$d < \sqrt[3]{\frac{6kT}{\pi g h \Delta\rho}}. \qquad (1.3)$$

Setzt man hier Zahlen ein, $T = 293$ K, $\Delta\rho \approx 4{,}3 \cdot 10^3$ kg/m^3 (Magnetit (5,2), Öl(0,9)) und $h = 0{,}1$ m, so folgt $d < 12{,}2$ nm (Nanometer). So klein müssen die

Teilchen also mindestens sein, damit das Ferrofluid bei Raumtemperatur stabil bleibt. Es wird berichtet [2], dass eine solche Probe seit 18 Jahren nicht merklich sedimentiert ist.

Eine zweite Bedingung für die Stabilität eines Ferrofluids besteht darin, dass die magnetischen Teilchen nicht auf Grund ihrer gegenseitigen magnetischen Anziehung zu größeren Gebilden koagulieren dürfen und dann zu Boden sinken. Dazu betrachten wir zwei Teilchen vom Volumen V und mit der Magnetisierung M im Abstand s ihrer Oberflächen. Die Magnetisierung ist das magnetische Moment pro Volumen. Im Anhang findet man die Beziehung (A.5) für die wechselseitige Energie E_{dd} zweier magnetischer Momente. Wertet man dies für zwei sich berührende Teilchen aus, so ergibt sich

$$E_{dd} = \frac{1}{12}\mu_0 M^2 V \qquad (1.4)$$

mit der Induktionskonstante $\mu_0 = 4\pi \cdot 10^{-7}$ Vs/Am. Diese Energie muss kleiner sein als die thermische Energie. Das heißt $\mu_0 M^2 V/12 < kT$, und ergibt für den Teilchendurchmesser

$$d < \sqrt[3]{\frac{72kT}{\pi\mu_0 M^2}}. \qquad (1.5)$$

Setzt man hier wieder Zahlen ein, $T = 293$ K und $M = 4{,}46 \cdot 10^5$ A/m für Magnetit [2], so folgt $d < 7{,}2$ nm, also ein Drittel weniger als die Grenze für die Sedimentation im Schwerefeld einer 10 cm hohen Säule (12,2 nm, Gl. (1.3)). Größere Teilchen bilden also leicht magnetische Aggregate und führen zur Entmischung des Kolloids.

1.3   Die Kraft im Magnetfeld (s. Anhang)

Wie groß ist die Kraft F_m, die ein Magnetfeld H auf ein Ferrofluidvolumen V ausübt? In der Vorlesung hat man dafür die folgende Beziehung gelernt [2]:

$$F_m = \mu_0 V (M \cdot \nabla) H \qquad (1.6)$$

mit der Magnetisierung M des Fluids und dem Magnetfeldgradienten ∇H. Wir wollen diese Kraft mit der Schwerkraft $F_g = \rho g V$ vergleichen (ρ Massendichte, g Erdbeschleunigung). Für ein Volumen von 1 cm^3 mit einer Dichte von 1,84 g/cm^3

beträgt $F_g = 18{,}1 \cdot 10^{-3}$ N. Soll die magnetische Kraft F_m gleich groß wie die Schwerkraft sein, dann muss der Feldgradient $|\nabla H| = F_g/(\mu_0 M V)$ sein. Mit dem Tabellenwert für $M_s \equiv M$ $(H \to \infty)$ von $1{,}6 \cdot 10^4$ A/m für ein Ferrofluid [2] ergibt sich $\nabla H = 9{,}0 \cdot 10^5$ A/m^2. Das ist ein Wert wie bei üblichen guten Haftmagneten. Mit diesen lässt sich also das Ferrofluid entgegen der Schwerkraft anheben. Die hier verwendeten Werte für ρ und M beziehen sich auf Wasser mit 20 Volumenprozent Magnetitteilchen von 10 nm Durchmesser. Das Magnetfeld der Erde mit etwa 30 Mikrotesla in Deutschland hat übrigens keinen merklichen Einfluss auf ein Ferrofluid. Sein Feldgradient ist um viele Größenordnungen zu klein, um eine merkbare Kraftwirkung auszuüben.

Herstellung von Ferrofluiden

2

2.1 Überblick

Die Herstellung stabiler magnetischer Flüssigkeiten ist nicht ganz einfach. Es gibt dabei zwei Probleme: Erstens will man genügend kleine Teilchen erzeugen (Größenordnung 10 nm), was schon schwierig ist. Und zweitens muss man verhindern, dass diese Partikel dann durch elektrische oder magnetische Kräfte wieder koagulieren und zu größeren Gebilden zusammenwachsen. Denn Teilchen von wenigen Nanometern Größe sind sehr „anhängliche" Objekte, die sich infolge elektrischer Anziehung gern mit ihresgleichen vereinigen (s. Abschn. 2.4).

Selbstverständlich kann man Ferrofluide heute fertig kaufen, in Chemiekalienhandlungen und in Geschäften für wissenschaftliches Spielzeug. Es gibt Dutzende von Firmen, die solche Substanzen herstellen, weil man sie für viele technische und medizinische Anwendungen braucht. Wir kommen in den Kap. 4 bis 6 ausführlich darauf zu sprechen. Man findet Kaufangebote leicht im Internet, Stichwort „Ferrofluid". Ein Liter kostet etwa 1000 EUR, aber für die meisten Zwecke braucht man höchstens wenige Milliliter.

Wir wollen nun besprechen, wie man diese Stoffe herstellen kann. Für die Erzeugung der kleinen Magnetitteilchen gibt es zwei grundsätzlich verschiedene Methoden: entweder durch Zerteilen eines größeren Kristalls in immer kleinere Partikel, oder durch Aufbau derselben aus einzelnen Atomen mittels chemischer Synthese aus den Lösungen der Bestandteile. Wir wollen beide Verfahren betrachten.

© Der/die Autor(en), exklusiv lizenziert durch Springer Fachmedien Wiesbaden GmbH, ein Teil von Springer Nature 2020
K. Stierstadt, *Ferrofluide im Überblick*, essentials,
https://doi.org/10.1007/978-3-658-32708-8_2

2.2   Zerkleinerungsmethode

Hierbei füllt man schon vorzerkleinertes Magnetitpulver von einigen Mikrometern Größe zusammen mit der gewünschten **Trägerflüssigkeit** (Wasser, Öl usw.) in eine Kugelmühle und mahlt es darin etwa 1000 Stunden lang bzw. 6 Wochen! Die Trommel und die Kugeln einer solchen Mühle bestehen aus wesentlich härterem Material als das Mahlgut, zum Beispiel aus Wolframcarbid. Außer der Trägerflüssigkeit muss man noch ein **Dispersionsmittel** hinzufügen, zum Beispiel Ölsäure, das ein Zusammenbacken der kleineren Teilchen verhindert. Wir kommen gleich darauf zurück (Abschn. 2.4). Mahlt man die Mischung lange genug und scheidet von Zeit zu Zeit durch Filtern die größeren Partikel aus, so erhält man das gewünschte Produkt, ein Kolloid mit Teilchendurchmessern im Nanometerbereich. Ihre Anzahldichte $n = N/V$ ergibt sich aus dem Volumenanteil $\phi = N V_{\mathrm{t}}/V = N\left(\pi d^3/6\right)/V.$ von Magnetit zu

$$n = \phi \frac{6}{\pi d^3}.$$ (2.1)

Mit $d = 10^{-8}$ m ergibt sich für einen üblichen Wert von $\phi = 0,2$ die Teilchendichte $n = 3{,}8 \cdot 10^{17}$ cm^{-3} oder etwa ein halbes Mol pro Kubikmeter.

2.3   Fällungsmethode

Das am meisten verwendete Verfahren ist jedoch die Fällung von Magnetit aus Lösungen eisenhaltiger Salze. Die Bruttoreaktion dafür lautet:

$$2\,\mathrm{FeCl_3} + \mathrm{FeCl_2} + 5\,\mathrm{NaOH} \rightarrow \mathrm{FeO} \cdot \mathrm{Fe_2O_3} + 5\,\mathrm{NaCl} + \mathrm{H_2O} + 3\,\mathrm{HCl}.$$ (2.2)

Um die gewünschte Teilchengröße zu erhalten, muss die Mischung bei bestimmter Temperatur eine bestimmte Zeit lang mit Ammoniak ($\mathrm{NH_4OH}$) oder ähnlichen Laugen behandelt werden. Danach wird das Lösungswasser durch die Trägerflüssigkeit und das Dispersionsmittel ersetzt. Die Einzelheiten der chemischen Prozessführung sind meist Betriebsgeheimnisse der Hersteller. Eine nützliche Anleitung zum Selbstmachen findet man im Internet [5]. Dazu benötigt man allerdings einige chemische Kenntnisse, wie man sie zum Beispiel in einem Chemie-Leistungskurs am Gymnasium erworben hat.

Für viele Anwendungen, vor allem für die medizinischen, ist es notwendig, Teilchen von möglichst einheitlicher Größe zu produzieren. Das lässt sich erreichen, wenn man beim Fällen die Perioden der Keimbildung und des anschließenden Wachstums der Teilchen zeitlich trennt (sogenanntes *thermal decomposition* [8]). Mit alternierenden Phasen von Temperaturvariation und chemischer Behandlung kann man dann eine sehr einheitliche Größenverteilung erhalten (Abb. 2.1). Will man allerdings eine ganz bestimmte Teilchengröße auf ein Promille genau herstellen, so geht das allerdings nur mit einer zur Atomstrahlapparatur analogen Anordnung. Damit lassen sich jedoch höchstens Mikrogrammmengen gewinnen.

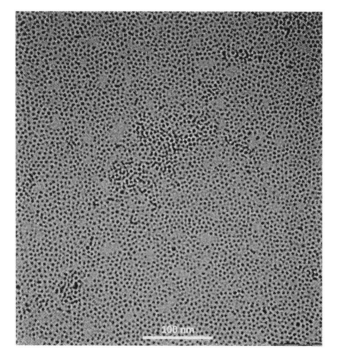

Abb. 2.1 Elektronenmikroskopische Aufnahme kleiner Magnetitteilchen in Tetrahydrofuran (C_4H_8O) (aus [8])

2.4 Dispersionsmittel

In den letzten beiden Abschnitten war von einem Dispersionsmittel die Rede, das zur Herstellung von stabilen Kolloiden notwendig ist. Aus der Kolloidchemie, vor allem bei Farbstoffen, ist seit Langem bekannt, dass sich sehr kleine Teilchen einander anziehen und zu größeren Gebilden koagulieren, wenn man sie sich selbst überlässt. Die Ursache dafür ist die **Van-der-Waals-Wechselwirkung.** Sie kommt durch die spontanen Schwankungen der elektronischen Ladungsdichte in solchen Teilchen zustande. Dabei influenzieren sie sich gegenseitig elektrische Dipolmomente und ziehen so einander an. Diese Wechselwirkung ist relativ stark, verglichen mit anderen Kräften. Ihre Energie beträgt einige $10\ kT$ bzw. einige Zehntel Elektronenvolt. Sie fällt mit dem Abstand r der Teilchen sehr rasch wie r^{-6} ab, die Kraft wie r^{-7}. Gegen diese Tendenz zur Koagulation kleiner Partikel gibt es jedoch ein bekanntes Mittel:

Man gibt der Suspension eine organische Verbindung zu, deren langgestreckte Moleküle ein polares Ende („Kopf") und ein nicht polares („Schwanz") besitzen. Solche Moleküle lagern sich mit ihrem Kopf gern an suspendierte Teilchen an, während der Schwanz nach außen zeigt („Peptisierung", Abb. 2.2). So erhält das Teilchen eine Hülle aus polymeren Molekülen, die wie eine abstoßende Feder wirkt, wenn sich zwei Teilchen zu nahe kommen. Und auf diese Weise wird die kurzreichweitige Van-der-Waals-Wechselwirkung zwischen den Teilchen abgeschirmt bzw. kommt gar nicht erst ins Spiel. Als Dispersionsmittel kommen zum Beispiel Ölsäure ($C_{18}H_{34}O_2$), Polyphosphorsäure und ähnliche polymere Substanzen in Betracht. Die Ketten dieser Moleküle sind etwa 2 nm lang. Auf der Oberfläche eines Teilchens mit 10 nm Durchmesser sitzen etwa 300 solcher Moleküle und bilden eine Schutzhülle. Man könnte hier einwenden, die Van-der-Waals-Kraft wirke ja auch zwischen diesen Schutzhüllen und würde so ihre ganze Aufgabe wieder zunichte machen. Das ist aber nicht so, denn in der elektrisch nichtleitenden Ölsäure gibt es nur sehr viel schwächere Ladungsfluktuationen und entsprechende Van-der-Waals-Kräfte wie in den gut leitfähigen Magnetitteilchen.

Außer der Van-der-Waals-Kraft gibt es zwischen magnetischen Teilchen auch noch die **magnetostatische Wechselwirkung.** Sie ist proportional zur Magnetisierung und fällt mit dem Abstand r wie r^{-3} ab, die Kraft wie r^{-4}. Sie ist anziehend, aber viel schwächer als die Van-der-Waals-Kraft (s. Gl. A.5 im Anhang). Auch hier gegen hilft die polymere Schutzhülle. Deren abstoßende („sterische") Kraft nimmt ja mit kleiner werdendem Abstand der Teilchen zu. In Abb. 2.3 sind die verschiedenen Anteile der potenziellen Energie zweier Teilchen und ihre Kraft als Funktion ihres reduzierten Abstands $\ell = s/R$ dargestellt. Dabei ist s der Oberflächenabstand und R der Teilchenradius. Die energetische

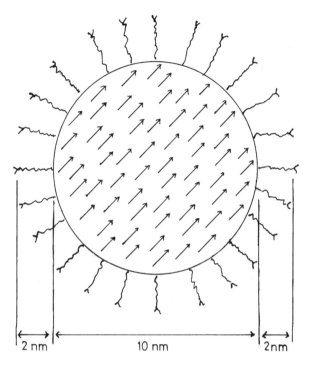

Abb. 2.2 Kolloidales Magnetitteilchen mit Hülle aus polymeren Ölsäuremolekülen. Die Pfeile im Inneren repräsentieren magnetische Atommomente

Summe aus Van-der-Waals-, magnetischer und sterischer Wechselwirkung ist hier gestrichelt eingezeichnet. Die Kraft (punktiert), die negative Ortsableitung der potenziellen Energie, hat ein abstoßendes Maximum bei $\ell \approx 0{,}25$. Das entspricht bei $R = 5$ nm einem Oberflächenabstand s der Teilchen von 1,25 nm. Deren Schutzhüllen durchdringen sich dann etwa zur Hälfte. Für $\ell \lesssim 0{,}02$ überwiegt die Van-der-Waals-Anziehung alle anderen Kräfte.

Die abstoßende Wirkung der polymeren Hüllen der Teilchen wird manchmal als **entropische Kraft** bezeichnet. Damit ist gemeint, dass die Entropie eines solchen Kolloids wächst, wenn die Teilchen sich voneinander entfernen, das heißt, ein größeres Volumen besetzen. Man betrachtet sie dann als ein ideales Gas, dessen Entropie bekanntlich proportional zu $\ln V$ anwächst.

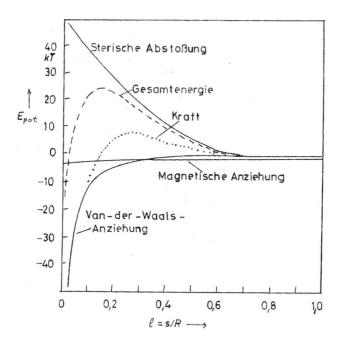

Abb. 2.3 Potenzielle Energie zweier Magnetitteilchen von 10 nm Durchmesser mit 2 nm Schutzhülle (s. Abb. 2.2) als Funktion ihres normierten Abstands. s ist der Oberflächenabstand der Teilchen, R ihr Radius. Die Kraft (·····) ist die negative Ableitung der Gesamtenergie (-----) nach ℓ

2.5   Ferrofluide aus Magnetosomen

Die Herstellung stabiler Ferrofluide ist, wie gesagt, ein relativ aufwendiger Vorgang, vor allem wegen der Van-der-Waals-Kräfte. Da könnte man auf die Idee kommen, die notwendigen kolloidalen Teilchen direkt aus der Natur zu gewinnen. Dort kommen sie nämlich häufig vor, und zwar im magnetischen Orientierungssinn mancher Lebewesen [4, 6]. Tauben finden auch beim bedeckten Himmel heim in ihren Schlag, und man hat bei ihnen daher einen versteckten Kompass vermutet. Um 1950 konnte man diesen auch experimentell nachweisen. Später fand man zufällig, dass bestimmte Bakterien in Richtung eines Magnetfeldes schwimmen um eine Umgebung zu finden, die ihnen gut zuträglich ist. Im Lauf der Zeit hat man ähnliches Verhalten dann bei vielen verschiedenen Tierarten entdeckt, bei Säugetieren, Vögeln, Fischen, Reptilien und Insekten. Die Suche nach

einem biologischen Kompass führte schließlich zur Entdeckung der **Magnetosomen** (Abb. 2.4). Das sind kleine Kriställchen aus Magnetit (Fe_3O_4) oder Geigit
(Fe_3S_4), die sich in manchen Geweben der Lebewesen finden und dort kettenför-
mig angeordnet sind. In einer solchen Kette sind die magnetischen Momente der
Teilchen in Längsrichtung orientiert, weil ihre magnetische Energie dann minimal
wird. Die Kette als Ganzes besitzt daher ein magnetisches Moment, das in einem
Magnetfeld wie eine Kompassnadel reagiert. Auf eine solche wirkt im Feld ein

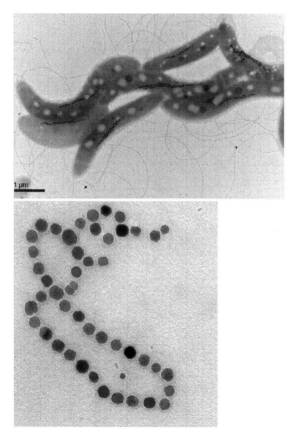

Abb. 2.4 Das Bakterium *Magnetospirillum gryphiswaldense* (oben) und seine Magne-
tosomenkette (unten). Die Vergrößerung ist unten fünfmal stärker als oben. (Foto: F.
Mickoleit, mit freundlicher Genehmigung von D. Schüler)

Drehmoment, das sie in Feldrichtung zu drehen bestrebt ist. Im Organismus führt das zu einer Reizung von Nervenzellen, bei Bakterien zu einer Orientierung derselben in Feldrichtung, und anschließend zu einer entsprechenden Reaktion des Lebewesens.

Bakterien spüren auf diese Weise die Richtung des Erdmagnetfeldes, das bei uns nordwärts und schräg nach unten gerichtet ist. In Gewässern können sie dann entlang der Feldrichtung auf- oder abwärts schwimmen und so eine Schicht mit der für sie optimalen Sauerstoffkonzentration finden. Sie haben im Wasser nämlich keine Orientierung für oben und unten, weil sie dort praktisch schwerelos sind. Das Bakterium *Magnetospirillum gryphiswaldense* wurde wegen dieser erstaunlichen Fähigkeit zur „Mikrobe des Jahres 2019" gewählt [6]. Das ähnliche *Magnetospirillum bavaricum* findet man häufig im Chiemsee und in den Gewässern Oberbayerns. Man kann es mit Hilfe von Magneten einsammeln und dann in Nährlösungen kultivieren. Auf diese Weise hat man schon brauchbare Mengen von Magnetosomen vorzüglicher Qualität gewonnen: fast perfekte und monodisperse Kristalle mit einer biokompatiblen Schutzhülle aus Proteinen [6]. Die Biokompatibilität ist wichtig für medizinische Anwendungen, die wir im Kap. 6 besprechen werden.

Im menschlichen Organismus scheint nach heutigem Wissen kein magnetischer Kompass zu existieren. Oder er ist im Lauf der Evolution regradiert. Allerdings hat man durch starke Magnetfelder epileptische Episoden aktivieren können. Dabei ist jedoch unklar, ob magnetische Partikel im Gehirn beteiligt sind oder ob es sich um Induktionserscheinungen an Nervenzellen handelt [7].

Physikalische Eigenschaften magnetischer Flüssigkeiten

3

Viele Eigenschaften der Ferrofluide ähneln weitgehend denen ihrer Trägerflüssigkeiten. Der Gehalt an kolloidalen Teilchen liegt ja im Allgemeinen nur bei 5 bis 20 %. Gebräuchliche Trägerflüssigkeiten sind Wasser, Öle, Ester und andere kettenförmige Kohlenwasserstoffe. Die Ähnlichkeit der Kolloideigenschaften mit denen der Grundsubstanz betrifft vor allem die mechanischen, thermischen und viele elektrische. Die optischen Eigenschaften sind mit der Feststellung charakterisiert, dass die Ferrofluide bester schwarzer Zeichentusche gleichen. Von besonderer Bedeutung für die Anwendungen ist natürlich das magnetische Verhalten, und mit dem wollen wir uns im Folgenden beschäftigen. Einige Grundbegriffe dazu sind im Anhang erläutert.

3.1 Die Magnetisierung

Ferrofluide sind ihrer magnetischen Natur nach Paramagnetika, genauer gesagt **Superparamagnetika**.[1] Das sind aus kleinen ferromagnetischen Teilchen bestehende feste oder flüssige Gemische, wobei jedes Teilchen als Ganzes durch sein magnetisches Moment m charakterisiert ist. Dieses besteht aus der vektoriellen Summe der magnetischen Momente der im Teilchen enthaltenen Atome. Bei einigen tausend Atomen kann das Teilchenmoment die Größenordnung 10^{-19} Am^2 haben. Das magnetische Moment eines Ferrofluidvolumens setzt sich wieder vektoriell aus den Momenten der darin enthaltenen Teilchen zusammen. Und das

---

[1]Der Vorsatz „Super" charakterisiert die Größe des magnetischen Moments der Bestandteile des Gemischs. Bei normalen Paramagnetika sind dies die Momente der Atome oder Moleküle. Bei den Superparamagnetika diejenigen der aus einigen tausend Atomen bestehenden Partikel.

© Der/die Autor(en), exklusiv lizenziert durch Springer Fachmedien Wiesbaden GmbH, ein Teil von Springer Nature 2020
K. Stierstadt, *Ferrofluide im Überblick*, essentials,
https://doi.org/10.1007/978-3-658-32708-8_3

makroskopische Moment pro Volumen des Ferrofluids ist die **Magnetisierung** M = $\sum m/V$. Für die Abhängigkeit derselben vom Magnetfeld H und von der Temperatur T gilt die bekannte **Langevin-Funktion** (nach Paul Langevin, s. Gl. A.10 im Anhang):

$$L(\alpha) \equiv \frac{M}{M_s} = \operatorname{ctgh}\alpha - \frac{1}{\alpha} \tag{3.1}$$

mit der Variablen

$$\alpha = \frac{\mu_0 m H}{kT} \tag{3.2}$$

und mit der Sättigungsmagnetisierung $M_s = M(H \to \infty)$. Sie beträgt für Magnetit bei Raumtemperatur $4{,}46 \cdot 10^5$ A/m [2].

Der Verlauf dieser Funktion ist in Abb. 3.1 für verschiedene Teilchengrößen bei Raumtemperatur dargestellt. Für höhere Temperaturen verlaufen die Kurven entsprechend flacher. Die Anfangssteigung der Magnetisierungskurven bezeichnet man als **Anfangssuszeptibilität**

$$\chi_a = \left(\frac{\partial M}{\partial H}\right)_{H \to 0}. \tag{3.3}$$

Sie ist für übliche Ferrofluide mit Teilchen von 10 nm Durchmesser von der Größenordnung 1. Das heißt, in einem Feld von 1 A/m erhält die Probe eine Magnetisierung von etwa 1 A/m. Die Langevin-Funktion (3.1) beruht auf der Annahme, dass die Teilchen sich gegenseitig praktisch nicht magnetisch beeinflussen. Sie müssen dann einen Abstand von etwa dem dreifachen Durchmesser voneinander haben. Dann nämlich ist das Feld eines Teilchens am Ort seines Nachbarn kleiner als ein Zehntel des Werts an seiner Oberfläche.

3.2   Magnetische Nachwirkung

Wenn man das auf ein Ferrofluid wirkende Magnetfeld abschaltet, dann verschwindet seine Magnetisierung nicht sofort. Sie bleibt noch eine Zeit lang bestehen und nimmt erst langsam auf Null ab. Für diesen Vorgang gibt es zwei verschiedene Ursachen (Abb. 3.2).

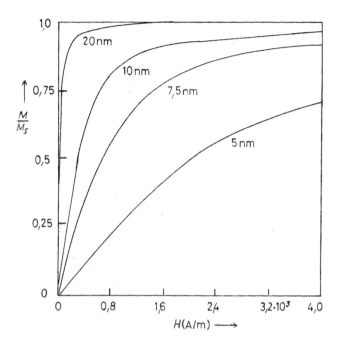

Abb. 3.1. Berechnete Magnetisierungskurven nach Gl. (3.1) für kugelförmige Magnettitteilchen verschiedener Durchmesser d. Die Sättigungsmagnetisierung M_s von Magnetit beträgt $4,46 \cdot 10^5$ A/m

- Entweder drehen sich die Teilchen als Ganze aus der vorherigen Feldrichtung heraus, und zwar unter dem Einfluss thermischer Stöße der Moleküle der Trägerflüssigkeit (Abb. 3.2a). Dabei bleibt die Richtung der Magnetisierung im Teilchen selbst fest verankert. Aber die Magnetisierung des Ferrofluids selbst verschwindet im Mittel, weil sich die Teilchen ungeordnet in alle Richtungen drehen. Dieser Vorgang heißt **Brown-Relaxation** (nach William F. Brown), verläuft mit einer Zeitkonstante

$$\tau_B = \frac{3\eta V}{kT}, \tag{3.4}$$

und η ist die Scherviskosität des Ferrofluids. Sie beträgt für Wasser 10^{-3} Pa·s, für Öle ca. 0,1 Pa·s (Pascal mal Sekunde bzw. kg m^{-1} s^{-1}).

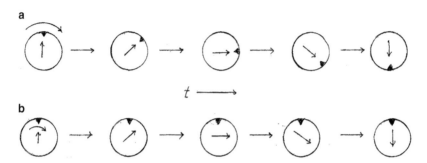

Abb. 3.2 Die beiden Relaxationsvorgänge in superparamagnetischen Teilchen ($d \lesssim 100$ nm). (**a**) Braun-Relaxation, Teilchen dreht sich mit in ihm feststehender Magnetisierung; (**b**) Néel-Relaxation, Magnetisierung dreht sich im feststehenden Teilchen. Die dreieckige Spitze bezeichnet eine im Teilchen feste Richtung, der Pfeil seine Magnetisierung

- Oder die Teilchen drehen sich selbst nicht in der Flüssigkeit, aber die Magnetisierung dreht sich in ihnen unter dem Einfluss der thermischen Bewegung ihrer Atome in eine beliebige Richtung (Abb. 3.2b). Dieser Vorgang heißt **Néel-Relaxation** (nach Louis Néel) und verläuft mit einer Zeitkonstante

$$\tau_N = \frac{1}{f_0} e^{KV/(kT)}. \qquad (3.5)$$

Dabei ist $f_0 \approx 10^9$ Hz eine Grundfrequenz der atomaren magnetischen Momente und K eine Anisotropiekonstante. Sie bezeichnet die Energiedichtedifferenz zwischen verschiedenen Richtungen der Magnetisierung im Teilchen und beträgt für Magnetit $11 \cdot 10^3$ J/m^3.

Die Größe beider Zeitkonstanten hängt vom Volumen der Teilchen ab und beträgt $\tau_B \approx 7{,}6 \cdot 10^{-7}$ s bzw. $\tau_N \approx 1 \cdot 10^{-7}$ s. Das gilt für Teilchen von 10 nm Durchmesser aus Magnetit in Kerosin bei Raumtemperatur [2]. Wegen der exponentiellen Abhängigkeit von V ist τ_N stark größenabhängig und erreicht schon bei 16,5 nm Durchmesser den Wert von 1 Sekunde (Abb. 3.3). Die jeweils kürzere Zeitkonstante τ_{min} ist die effektiv wirksame. Die Kenntnis dieser Relaxationszeiten ist

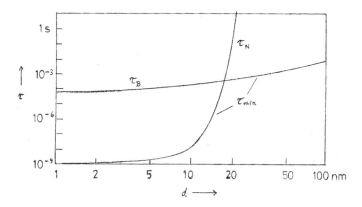

Abb. 3.3 Relaxationszeiten τ von Magnetitteilchen in Wasser als Funktion ihres Durchmessers d

sehr wichtig für die Anwendungen der Ferrofluide in Technik und Medizin, vor allem bei zeitlich veränderlichen und bei periodischen Magnetfeldern.

3.3 Viskosität

Für viele Anwendungen ist die Zähigkeit bzw. Viskosität eines Ferrofluids wichtig, immer dort wo es in Bewegung ist oder strömt. Das betrifft vor allem auch die Drehdurchführungen (s. Abschn. 4.3). Die **dynamische Viskosität** oder **Scherviskosität** η ist als die Kraft F definiert, mit der eine Platte der Fläche A über eine Flüssigkeitsschicht gezogen werden muss, wenn diese an der Platte haftet, dividiert durch den Geschwindigkeitsgradienten in der Flüssigkeit (Abb. 3.4):

$$\eta = \frac{F/A}{\partial v/\partial y}. \tag{3.6}$$

Dabei ist $\partial v/\partial y$ die Geschwindigkeitsänderung senkrecht zur Platte, die sogenannte **Scherrate** und F/A die **Schubspannung**. Je größer die Viskosität einer Flüssigkeit ist, desto größer ist die Kraft um eine bestimmte Geschwindigkeit der Platte aufrecht zu erhalten bzw. in einem Rohr eine bestimmte Strömungsgeschwindigkeit.

Hat man es mit einer kolloidalen Flüssigkeit zu tun, so werden die suspendierten Teilchen infolge der Schubspannung in Rotation versetzt, das heißt, auf

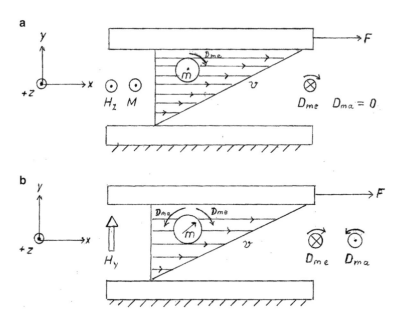

Abb. 3.4 Scherung einer ebenen Flüssigkeitsschicht zwischen zwei Platten. Die untere steht fest, die obere wird mit der Kraft **F** nach rechts bewegt. (**a**) Magnetfeld **H** in positiver z-Richtung, (**b**) in positiver y-Richtung. **m** ist das magnetische Moment eines Teilchens, D_{ma} und D_{me}, das magnetische bzw. mechanische Drehmoment. Vektoren $\otimes$ zeigen senkrecht in die Zeichenebene hinein, $\odot$ aus ihr heraus

sie wirkt ein mechanisches Drehmoment $D_{me} = r \times f$. Dabei ist f die Reibungskraft an der Teilchenoberfläche und r sein Radius. Dieses Drehmoment kommt durch die innere Reibung in der Trägerflüssigkeit zustande, die an der Teilchenoberfläche haftet. Diese rollen sozusagen in der Flüssigkeit in Richtung von v (Abb. 3.4a). Genauso ist es in einem magnetischen Kolloid. Dort wirkt aber in einem Magnetfeld **H** außer dem mechanischen Drehmoment auch noch ein magnetisches $D_{ma} = \mu_0 \, m \times H$ (s. Gl. (A.2) im Anhang). Und dieses hängt von der Richtung des Feldes relativ zur Schubspannung ab. Zeigt es in $\pm z$-Richtung senkrecht zu **F** und zu $\nabla_y v$ wie in Abb. 3.4a, dann verschwindet allerdings dieses magnetische Drehmoment, denn **m** und **H** sind kollinear. Zeigt das Feld dagegen in y- oder in x-Richtung wie in Abb. 3.4b, dann exitiert ein magnetisches Drehmoment. Das mechanische D_{me} dreht nämlich beim Abrollen der Teilchen die Magnetisierung aus der Feldrichtung heraus und **m** und **H** sind dann nicht mehr

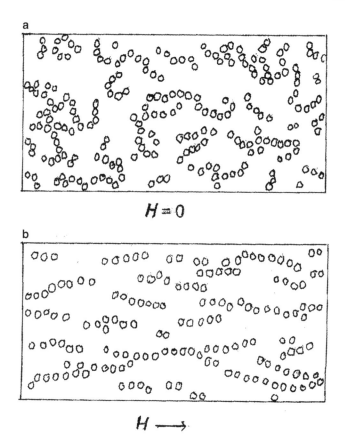

Abb. 3.5 Kettenbildung magnetischer Kolloidteilchen, (**a**) ohne Feld, (**b**) mit Feld H

kollinear. Das magnetische Drehmoment wirkt dann in entgegengesetzter Richtung wie das mechanische und bremst so das Abrollen der Teilchen. Man braucht daher eine größere Kraft für eine bestimmte Fluidgeschwindigkeit. Das heißt, die Viskosität der Flüssigkeit nimmt mit H zu. Für kleine Magnetfelder hängt η linear von H ab, für große gibt es eine Sättigung [2, 25].

Außerdem beobachtet man noch einen speziellen Einfluss der Scherrate auf die Viskosität. Diese wird mit wachsender Scherrate im Allgemeinen kleiner. Der Grund dafür sind kettenförmige Aggregate von mehreren Kolloidteilchen, die sich im ruhenden Ferrofluid spontan infolge ihrer magnetischen Wechselwirkung bilden (Abb. 3.5). Solche Ketten behindern das Abrollen der Einzelteilchen, werden aber durch die Scherkräfte nach und nach zerstört. Dann sinkt die Viskosität wieder. Am Beginn einer Scherung ist ein Ferrofluid also besonders zäh und wird erst im Lauf der Zeit dünnflüssiger. Dieses Verhalten ist den Malern und Lackierern bei ihren kolloidalen Farbstoffen als Tixotropie wohl bekannt.

3.4   Die Stachelinstabilität

Schon in der Abb. 1.2 haben wir die „Stacheln" gesehen, die sich an der Oberfläche eines Ferrofluids bilden, wenn es in ein Magnetfeld kommt. Ein besonders schönes Exemplar dieser **Stachelinstabilität** zeigt die Abb. 3.6. Dieses Muster entsteht, weil das Ferrofluid bestrebt ist, sich längs der magnetischen Feldlinien anzuordnen. Und diese weisen oft senkrecht von seiner Oberfläche nach außen. Durch die Anordnung entlang der Feldlinien wird die magnetische Energie des Kolloids minimalisiert. Es würden sich am liebsten dünne Flüssigkeitsfäden entlang den Feldlinien bilden. Dem wirkt aber die Grenzflächenspannung des Fluids entgegen, welche seine Oberfläche möglichst klein halten möchte. Sie zieht die

Abb. 3.6 Die Stachelinstabilität eines Ferrofluids, das mit einem Magneten aus einer Schale in die Höhe gezogen wird. (mit freundlicher Genehmigung von S. Odenbach [3])

sich bildenden Fäden längs der Feldlinien wieder zusammen. Als Kompromiss zwischen magnetischer und Oberflächenenergie entstehen dann die beobachteten Stachelmuster. Je kleiner die Oberflächen- oder Grenzflächenspannung des Fluids ist, desto länger sind die Stacheln. Ihre Anordnung auf der Oberfläche entspricht einem hexagonalen Muster. Dieses bedeckt nämlich eine Fläche lückenlos mit größtem Innenwinkel und kleinster Wandenergie. Man findet ähnliche Muster auch häufig in der Natur bei Bienenwaben, bei Kiefernzapfen, bei Korbblüten, Ananasfrüchten usw.

Hiermit beenden wir unseren Überblick über die physikalischen Eigenschaften der normalen Ferrofluide. Zahlenwerte für eine Reihe gebräuchlicher Substanzen findet man in [2], so zum Beispiel für die Sättigungsmagnetisierung, die Dichte, die Viskosität, den Siedepunkt, die Oberflächenspannung, die Wärmeleitfähigkeit, die Wärmekapazität usw.

3.5   Weiche magnetische Materie

Außer den normalen sogenannten Newton'schen Flüssigkeiten wie Wasser, Öle, Alkohole, Ester usw. gibt es viele mehr oder weniger fluide und feste Substanzen, die aus erheblich größeren bzw. polymeren Molekülen bestehen. Das sind zum Beispiel kristalline Flüssigkeiten („flüssige Kristalle") oder Gele, Weichplastik, Elastomere und ähnliche Stoffe. Sie besitzen vielfältige und besonders interessante physikalische Eigenschaften. Und diese lassen sich durch Zugabe kleiner magnetischer Teilchen beeinflussen. Man kann dann die Eigenschaften solcher Fluide durch Magnetfelder steuern. Das betrifft vor allem ihr mechanisches und rheologisches Verhalten, die Härte, die Elastizität, die Zähigkeit, aber auch elektrische, thermische und optische Eigenschaften. Daraus resultiert eine große Zahl von Anwendungsmöglichkeiten solcher „intelligenter" Stoffe, vor allem in der Messtechnik und in der Medizin. Wir kommen im Abschn. 5.6 darauf zurück.

Ferrofluide in der Technik

4

Wie schon in der Einführung erwähnt, sind die magnetischen Flüssigkeiten besonders interessant durch die Kombination magnetischer Kräfte und rheologischer Eigenschaften. Das führte schon bald nach ihrer Entdeckung zu einer Fülle von Ideen für technische Anwendungen. Leider sind noch nicht alle diese so weit entwickelt und verbreitet, wie es ihren praktischen Möglichkeiten entspricht. Der Grund ist die aufwendige Herstellung und der hohe Preis der Ferrofluide von im Mittel 1000 € pro Liter. Und der kommt zustande, weil die in der Flüssigkeit suspendierten Teilchen so klein sein müssen, dass sie nicht infolge der Schwerkraft sedimentieren. Es lohnt ich also, Methoden zu erfinden, mit denen man Ferrofluide billiger herstellen kann. Wenn man sehr viel größere und damit sehr viel billigere Teilchen verwendet, dann erhält man etwas andere Substanzen, die sogenannten **magnetorheologischen Flüssigkeiten.** In diesen sedimentieren die suspendierten Teilchen in Sekundenschnelle und müssen vor jeder Benutzung durch Rühren oder Schütteln wieder dispergiert werden. Es handelt sich hierbei also nicht um stabile Kolloide. Trotzdem werden solche magnetorheologischen Flüssigkeiten heute viel verwendet, vor allem in der Fahrzeug- und Maschinentechnik zur Dämpfung, Kupplung, Bremsung usw. Wir werden uns im Folgenden aber vor allem mit den echten Ferrofluiden beschäftigen und die magnetorheologischen nur beiläufig erwähnen.

4.1   Ferrofluide als Dämpfungsglieder [12]

Bekanntlich wird die Bewegung eines Körpers in einer Flüssigkeit durch deren innere Reibung gebremst. Das weiß jeder Schwimmer, und man braucht Kraft, um zum Beispiel Honig umzurühren. Im Abschn. 3.3 haben wir gesehen, dass die Zähigkeit bzw. Viskosität eines Ferrofluids durch ein Magnetfeld erhöht

© Der/die Autor(en), exklusiv lizenziert durch Springer Fachmedien Wiesbaden GmbH, ein Teil von Springer Nature 2020
K. Stierstadt, *Ferrofluide im Überblick*, essentials,
https://doi.org/10.1007/978-3-658-32708-8_4

wird und monoton mit diesem zunimmt. Damit ergibt sich die Möglichkeit, die Bremswirkung einer magnetischen Flüssigkeit durch ein Magnetfeld zu steuern. Die Abb. 4.1 zeigt Beispiele für solche **Ferrofluiddämpfer.** Im Teilbild c ist ein Rotationsdämpfer skizziert. Ein solcher dient dazu, die Schwingungen einer Motorwelle bei einer schnellen Änderung ihrer Geschwindigkeit zu dämpfen. Man verwendet ihn in Schrittmotoren, bei Zeigerinstrumenten, in Festplattenspeichern, in Satelliten usw. Wird ein Motor plötzlich ausgeschaltet, so bewegt sich der Rotor auf Grund seiner Trägheit noch ein kleines Stück weiter und schwingt dann zurück. Der im zähen Ferrofluid schwebende Ringmagnet dämpft dieses Zurückschwingen und bringt den Rotor so schneller zum Stillstand. Den Ringmagneten kann man natürlich auch durch eine außen angeordnete Feldspule ersetzen.

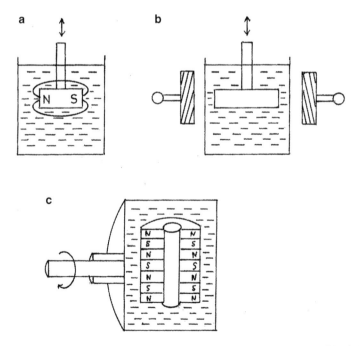

Abb. 4.1 Ferrofluiddämpfer für Linearbewegungen, (**a**) mit Dauermagnet, (**b**) mit Feldspulen, (**c**) für Drehbewegungen. Bei (**c**) schwebt der Ringmagnet zentral im Ferrofluid, weil bei einer symmetrischen Lage die magnetische Energie minimal wird (s. Abb. 4.7)

Eine besondere Art der magnetischen Dämpfung von Schwingungen findet in guten Lautsprechern statt [13]. Die Abb. 4.2 zeigt einen solchen im
Schnitt. Der Wechselstrom in der Tonspule versetzt diese im Feld des Dauermagneten und die Membran in Schallschwingungen. Dabei entstehen aber auch
unerwünschte Oberschwingungen, und die Spule wird heiß, wenn man die Laut-
stärke zu stark aufdreht. Diese beiden störenden Effekte lassen sich durch einige
Tropfen Ferrofluid im Luftspalt des Ringmagneten weitgehend beseitigen. Die
Oberschwingungen werden wegen der Viskosität der Flüssigkeit gedämpft, denn
diese ist etwa 50.000-mal zäher als Luft. Und die Tonspule wird durch die 100-
mal größere Wärmeleitfähigkeit des Fluids im Vergleich zu Luft wirkungsvoll
gekühlt. Schätzungsweise werden weltweit pro Jahr etwa 300 Mio. Lautsprecher
mit Ferrofluiddämpfung hergestellt, aber jeder enthält weniger als einen Milliliter
dieser Flüssigkeit.

Während man für die bisher besprochenen Dämpfer nur relativ kleine Mengen
Ferrofluid benötigt, braucht man für große Geräte und Maschinen Flüssigkeiten
im Literbereich. Das betrifft zum Beispiel Fahrzeuge, Brückenlager und Fun-
damente von Maschinen und Gebäuden, aber auch Waschautomaten, Prothesen
usw. Dafür sind die echten Ferrofluide im Allgemeinen zu teuer. Man benutzt
stattdessen die einleitend schon erwähnten magnetorheologischen Flüssigkeiten.
Das sind Wasser, Glyzerine oder Öle, in denen kleine Eisenteilchen von 1 bis
10 Mikrometern Durchmesser mit 30 bis 80 % des Volumens suspendiert sind.

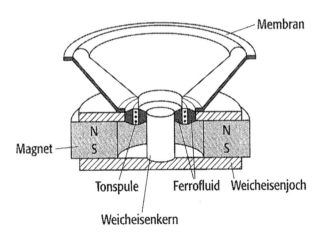

Abb. 4.2 Mit Ferrofluid gedämpfter Lautsprecher

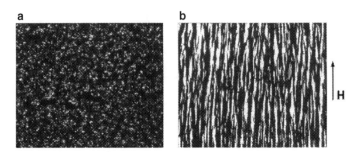

Abb. 4.3 Magnetorheologischer Effekt von Carbonyleisenteilchen in einer Polymerlösung, (a) ohne, (b) mit Feld $H = 10^5$ A/m [16]

Diese Teilchen sind also etwa 1000-mal größer als in echten Ferrofluiden. Solche Suspensionen sind natürlich nicht stabil, denn die Teilchen sedimentieren im Schwerefeld innerhalb von Sekunden. Sie müssen bei Benutzung immer wieder aufgerührt und aufgeschüttelt werden. Das geht allerdings oft automatisch. Bringt man eine solche magnetorheologische Flüssigkeit in ein magnetisches Feld, so ordnen sich die Eisenteilchen in Ketten längs der Feldlinien (Abb. 4.3). Die Viskosität der Substanz steigt dann schon innerhalb von Millisekunden bis auf das Hundertfache an, und sie lässt sich durch Wahl der Feldstärke steuern. Magnetorheologische Flüssigkeitsdämpfer werden in der Technik überall dort eingesetzt, wo ähnliche Geräte, die auf reiner Festkörperreibung beruhen, aus verschiedenen Gründen nicht benutzt werden können.

4.2   Ferrofluide als Schmiermittel [12]

Ein altbekanntes technisches Problem ist die Schmierung von Lagern mittels Öl, Fett, Graphit oder Ähnlichem. Diese Schmiermittel halten sich oft nicht lange genug in den Lagern und müssen immer wieder ersetzt werden. Ferrofluide mit Öl als Trägerflüssigkeit bieten dagegen die ideale Möglichkeit für lange Zeit im Lager haften zu bleiben, und zwar auf Grund ihrer magnetischen Kräfte. Man kann diese Fluide leicht mit Dauermagneten dort festhalten. Das war auch eine der ersten Anwendungen, die nach Erfindung der Ferrofluide in Gebrauch kam. In der Abb. 4.4 ist das Prinzip eines magnetisch geschmierten Lagers skizziert. Der Fluidfilm ist dabei, wie bei normalem Öl, meist nur einige Zehntel Millimeter dick. Auch Rollen- und Kugellager lassen sich auf ähnliche Weise schmieren.

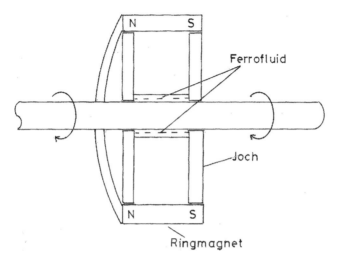

Abb. 4.4 Schnittbild eines mit Ferrofluid geschmierten Gleitlagers

Der Aufwand dafür ist vor allem der höhere Preis für die magnetisierbaren Lagerschalen und die Magnete. Daher werden diese Lager vor allem dort verwendet, wo es auf die Kosten nicht so ankommt, bei Präzisionsmotoren, in der Raumfahrt, bei militärischen Geräten usw. Ein Beispiel sind die Lager der beweglichen Sonnensegel und Antennen von Satelliten.

4.3 Ferrofluide als Dichtungsmittel [13]

Eng verwandt mit den Ferrofluidlagern sind die entsprechenden Dichtungen und Drehdurchführungen. In manchen Geräten führt eine rotierende Achse durch eine Wand, die zwei Behälter mit verschiedenen Inhalten (Gasen oder Flüssigkeiten) oder mit verschiedenem Druck voneinander trennt. Dann soll meist verhindert werden, dass die beiden Medien durch den Lagerspalt hindurch treten oder diffundieren und sich mischen. Ähnlich ist es, wenn in einem Behälter Vakuum herrscht und im anderen ein höherer Druck. Ein einzelnes Lager der in Abb. 4.4 gezeigten Art für die rotierende Achse ist aber nie vollständig dicht. Gase oder Flüssigkeiten können da hindurch diffundieren. Um das zu verhindern ordnet man mehrere solcher Lager hintereinander an wie in Abb. 4.5a. Eine hoch entwickelte Ausführungsform davon sind die Drehdurchführungen für Vakuumanlagen (Abb. 4.5b).

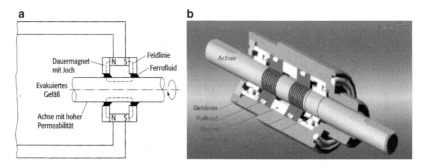

Abb. 4.5 Mit Ferrofluid gedichtete Drehdurchführungen, (**a**) Prinzip, (**b**) Schnittbild
(FerroTec Europe GmbH)

Hier sind bis zu 20 Dichtungsringe aus Ferrofluid längs der Achse angeordnet.
Ein solches Gerät erlaubt es, bei Drehgeschwindigkeiten von 1000 pro Sekunde
in UHV-Gefäßen einen Druckunterschied von 10^{-12} zu 1 bar aufrecht zu erhalten.
Diese Hochleistungslager sind nicht billig. Sie kosten je nach Ausführung einige
tausend Euro. Man verwendet sie zum Beispiel in Aufdampfanlagen zur Chip-
Herstellung oder bei EDV-Plattenspeichern in großen Rechenanlagen, aber auch
in der Raketen- und Satellitentechnik.

4.4   Ferrofluide zur Positionierung von Aktuatoren und Sensoren [12]

Ein im Ferrofluid schwimmender Körper lässt sich mittels der Magnetfelder von
stromdurchflossenen Spulen in beliebiger Richtung bewegen. Das ist in Abb. 4.6
skizziert. Durch die Spulen wird das Ferrofluid teilweise inhomogen magnetisiert.
Dadurch entstehen Kräfte auf den Schwimmkörper, mit denen man ihn bewegen
und in bestimmter Stellung positionieren kann. So lassen sich Gegenstände oder
Kontakte berühren oder verschieben, und der Schwimmkörper wirkt als **Aktuator.**
Im Gleichgewicht nimmt er immer eine Position ein, bei der die Gesamtenergie des Systems minimal wird, genauer gesagt, die Freie Energie (s. Lehrbücher
der Thermodynamik [11]). Die magnetische Energie im Fluid ist proportional zum
Quadrat der lokalen Feldstärke, und diese wird umso größer, je dichter die Feldlinien verlaufen. Das ist in Abb. 4.7 erklärt. Sind die Feldlinien lokal dichter, so
wirkt auf den Schwimmkörper eine Kraft, die ihn von dieser Position wegtreibt.

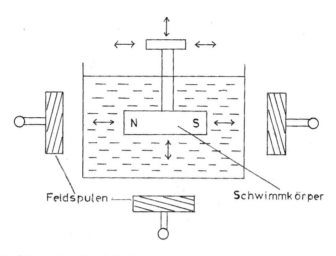

Abb. 4.6 Prinzip eines Ferrofluid-Aktuators

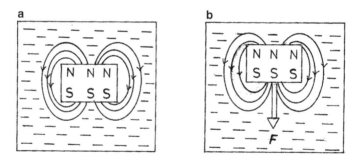

Abb. 4.7 Magnetische Levitation. In der linken Position (**a**) ist die Energiedichte im Ferrofluid geringer, weil die Feldlinien im Mittel weniger dicht verlaufen. In der rechten Position (**b**) wirkt daher eine Kraft F nach unten weil die Feldlinien an der Oberseite des Schwimmkörpers komprimiert werden

Dadurch werden die Feldlinien im Mittel wieder weniger dicht und die Freie Energie nimmt ab. Mit Aktuatoren auf Ferrofluidbasis lassen sich bequem und reversibel Verschiebungen von einem Mikrometer und weniger realisieren. Man benutzt solche Geräte für Präzisionsbewegungen, zum Beispiel bei Objekttischen in optischen und Elektronenmikroskopen, zur Justierung von Laserspiegeln, in der Kraftmikroskopie oder zur Spiegelpositionierung bei astronomischen Teleskopen. Außer Aktuatoren sind auch **Sensoren** auf Ferrofluidbasis in Gebrauch. Ihr Prinzip ist gewissermaßen die Umkehrung eines Aktuators. Bewegt man einen als Dauermagnet eingesetzten Schwimmkörper, so wird in den das Gefäß umgebenden Spulen eine Spannung induziert, weil sich die Feldverteilung ändert. Damit lassen sich Verschiebungen von Bruchteilen eines Mikrometers messen. Auf dieser Basis funktionieren zum Beispiel Beschleunigungsmesser.

Ferrofluide für viele Zwecke 5

Wir besprechen nun eine Reihe verschiedener technischer Anwendungen von Ferrofluiden, die noch nicht zur Serienreife gelangt sind. Einige von ihnen befinden sich erst in der Entwicklung, andere existieren nur als Labormuster. Das liegt zum einen Teil an dem hohen Preis der Ferrofluide, zum anderen an der Verfügbarkeit anderer bequemerer oder weit verbreiteter Methoden für den gleichen Zweck. Die Ingenieure und Erfinder lassen sich dadurch aber nicht abschrecken, sondern liefern dauernd neue Vorschläge, wie und wozu man Ferrofluide verwenden könnte.

5.1   Materialtrennung

Um kleine Partikel „unmagnetischer", das heißt paramagnetischer oder diamagnetischer Stoffe zu trennen, bringt man sie in ein Ferrofluid und dieses in ein stark inhomogenes Magnetfeld (Abb. 5.1) [12]. Hier ordnen sich die Stoffe so an, dass diejenigen mit größerer Dichtedifferenz relativ zum Ferrofluid in Bereiche hoher Feldstärke wandern, diejenigen mit kleinerer Differenz zu niedriger Feldstärke (im Bild nach oben). Dann kann man die Stoffe mit einer bestimmten Dichte in einer bestimmten Höhe absaugen oder entnehmen. Die Ursache dieser räumlichen Dichtetrennung ist die magnetische Kraft $F_m = \mu_0(m \cdot \nabla)H$ (s. Gl. (1.6)). Sie wirkt auf ein nichtmagnetisches Teilchen im Ferrofluid aber nicht in Richtung von ∇H sondern entgegengesetzt dazu. Und zwar, weil das unmagnetische Teilchen ($m \approx 0$) einen Bereich kleinerer Magnetisierung in dem stärker magnetisierten Ferrofluid darstellt. Im Teilchen ist das innere Magnetfeld H_i dann entgegengesetzt zur Magnetisierung M des Fluids und zum äußeren Feld H_a der Umgebung gerichtet (Abb. 5.2) (s. Lehrbücher des Magnetismus). Daher wirkt auf ein solches Teilchen eine Kraft entgegengesetzt zum Feldgradienten, das heißt in der Abb. 5.1

© Der/die Autor(en), exklusiv lizenziert durch Springer Fachmedien Wiesbaden GmbH, ein Teil von Springer Nature 2020
K. Stierstadt, *Ferrofluide im Überblick*, essentials,
https://doi.org/10.1007/978-3-658-32708-8_5

Abb. 5.1 Dichteseparator
zur Materialtrennung mit
Hilfe von Ferrofluiden.
Proben verschiedener
Dichte schweben im
inhomogenen Feld in
verschiedener Höhe. Der
Feldgradient ∇H ist hier
nach unten gerichtet

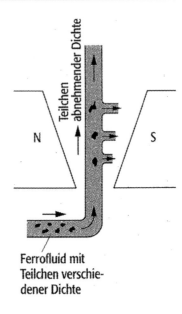

Ferrofluid mit
Teilchen verschie-
dener Dichte

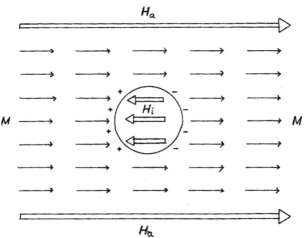

Abb. 5.2 Inneres Feld H_i eines „unmagnetischen" Teilchens in einer magnetisierten Umgebung (M). H_a ist das von außen angelegte Feld

nach oben. Außer der magnetischen Kraft ist ein Teilchen mit der Dichte ρ_t im Ferrofluid (ρ_f) noch der Schwerkraft („Gewicht minus Auftrieb") unterworfen:

$$F_g = (\rho_t - \rho_f)V\boldsymbol{g}. \tag{5.1}$$

Diese zeigt für $\rho_t > \rho_f$ nach unten, in gleicher Richtung wie ∇H (Abb. 5.1). Die Summe beider Kräfte, $\boldsymbol{F}_m + \boldsymbol{F}_g$, ist proportional zu $\Delta\rho$ und zu ∇H. Das unmagnetische Teilchen schwebt dann in einer gewissen Höhe im inhomogenen Feld.

Ein solcher **Dichteseparator** wie in Abb. 5.1 benötigt eine Menge Ferrofluid. Allerdings kann das zurückgewonnen und in einem Kreislauf betrieben werden. Man verwendet den Separator zum Beispiel zum Trennen von Elektronikschrott, der oft viel Edelmetalle enthält. Aber auch zur Trennung flüssiger Emulsionen können Ferrofluide dienen. Sie verbinden sich wegen der Natur ihrer Schutzhüllen (s. Abb. 2.2) oft lieber mit organischen Flüssigkeiten als mit Wasser. Auf diese Weise kann man zum Beispiel auch Öl und Wasser trennen, indem man die Emulsion mit Ferrofluid vermischt und durch ein inhomogenes Magnetfeld pumpt. Ob das Verfahren zur Entfettung einer misslungenen Suppe oder Soße dienen kann, das muss der Koch entscheiden. Auch ein Ölteppich auf dem Meer wird wohl nicht mit Ferrofluid beseitigt, solange es so teuer ist. Aber zur Trennung kleiner Mengen von Emulsionen, zum Beispiel in der Mikrofluidik, lässt es sich gut verwenden.

5.2 Magnetische Pumpe

Mit Ferrofluiden lassen sich Flüssigkeiten und Gase transportieren, ohne dass man mechanisch bewegte Kolben benötigt. Solche müssen gedichtet werden, nutzen sich ab und verursachen Reibungsverluste. Das Prinzip einer **Ferrofluidpumpe** zeigt die Abb. 5.3 [12]. Hier bewegt ein rotierender und ein feststehender Magnet das Ferrofluid (dunkelgrau) im Kreis herum. Dabei wir das zu pumpende Medium (hellgrau) von rechts oben nach links oben transportiert. Das Ferrofluid dient als flüssiger Kolben sowie als Dichtung und hält eine gewisse Druckdifferenz zwischen den beiden Vorratsgefäßen aufrecht. Natürlich darf man nur solche Stoffe damit pumpen, die sich nicht mit dem Ferrofluid verbinden oder mit ihm reagieren. Man verwendet solche Pumpen zum Beispiel in der Mikrofluidik und in der Biochemie, wo oft kleinste Mengen wertvoller Flüssigkeiten zu transportieren sind. Der rotierende Magnet in Abb. 5.3 kann auch durch eine Reihe von Feldspulen ersetzt, die ein rotierendes Feld erzeugen. In ähnlicher Weise wie

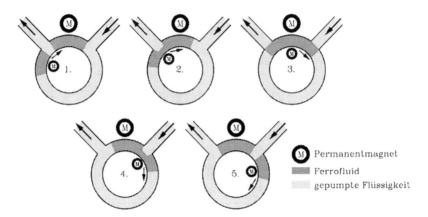

Abb. 5.3 Prinzip einer magnetischen Pumpe mit Ferrofluid (dunkelgrau), M Dauermagnete. (Aus [12])

hier besprochen funktioniert eine künstliche Herzpumpe auf Ferrofluidbasis (s.
Abb. 6.6).

5.3   Magnetokonvektion

Will man einen warmen Gegenstand mit einer Flüssigkeit kühlen, zum Beispiel
bewegte Maschinenteile oder Transformatoren, so gibt es dafür zwei Möglichkeiten: Wärmeleitung oder Konvektion. Bei der Leitung bleibt die Flüssigkeit in
Ruhe, bei der Konvektion bewegt sie sich. Die Konvektion ist oft etwa zehnmal effektiver, das heißt, die Wärme wird zehnmal schneller abgeführt als bei
der Wärmeleitung. Die Konvektion einer von unten beheizten Flüssigkeitsschicht,
wie in einem Kochtopf, wird bekanntlich durch die irdische Schwerkraft ange-
trieben: Wärmere Flüssigkeit ist leichter und steigt nach oben. Dort kühlt sie sich
ab und sinkt wieder nach unten. Ohne Schwerkraft unterbleibt diese Konvektion.
In einer Raumstation oder in einem Satelliten herrscht oft ein nahezu schwerelo-
ser Zustand, sodass man auch nicht mit Konvektion kühlen kann. Hier hilft nun
wieder das Ferrofluid. Durch ein Magnetfeld lässt sich in diesem die Konvektion
auch ohne Schwerkraft antreiben. Und das ist in Abb. 5.4 erläutert [3, 13].

In einer von der linken Seite her beheizten Ferrofluidschicht herrscht ein
Temperaturgradient ∇T, der in der Abbildung nach links gerichtet ist. Dieser
Temperaturgradient erzeugt im Ferrofluid einen Magnetisierungsgradienten ∇M,

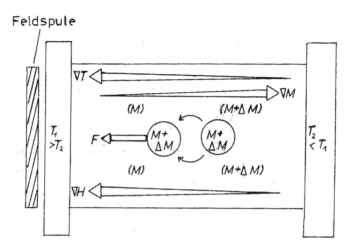

Abb. 5.4 Magnetokonvektion bei Abwesenheit von Schwerkraft. Erläuterungen im Text

antiparallel zu ∇T, denn die Magnetisierung eines Stoffes nimmt mit steigender Temperatur im Allgemeinen ab (s. Gl. 3.1). Sie ist also rechts in der Abb. 5.4 größer als links. Nun legt man an die Ferrofluidschicht ein Magnetfeld an, das links stärker ist als rechts, zum Beispiel mit einer Stromspule auf der linken Seite. Dann hat der Feldgradient ∇H in der Schicht dieselbe Richtung wie der Temperaturgradient. Verschiebt sich nun auf Grund thermischer Schwankungen ein kleines Fluidelement ΔV mit der Magnetisierung $(M + \Delta M)$ etwas nach links, so gelangt es in einen Bereich mit kleinerer Magnetisierung (M) in seiner Umgebung. Hier wirkt auf ΔV eine Kraft F in Richtung von ∇H (s. Gl. 1.6), die größer ist als diejenige auf ein gleich großes Volumenelement in seiner Umgebung. Diese Kraft hat also die gleiche Richtung wie die ursprüngliche (virtuelle) Verschiebung. Sie treibt daher die Konvektion an. Das Gleiche gilt, wenn sich ein Fluidelement durch thermische Schwankungen anfangs etwas nach rechts verschiebt. Dann wirkt F nach rechts. Mit dieser **Magnetokonvektion** lässt sich also im schwerelosen Zustand ein effektiver Wärmetransport realisieren [17]. Man kann sie natürlich auch zur Verstärkung der Schwerekonvektion auf der Erde einsetzen. Das geschieht zum Beispiel bei großen Transformatoren, in denen neben der Kühlwirkung auch noch die Flussverstärkung durch das Ferrofluid oder eine magnetorheologische Flüssigkeit genutzt werden kann.

5.4   Magnetischer Drucker

Eine ganz andere Anwendung der Ferrofluide ist der magnetisch gesteuerte Tintenstrahldrucker [2, 12]. Ferrofluide sind ja bekanntlich beste schwarze Tusche (s. Einführung). Ihre Flecken lassen sich nur mit großer Mühe entfernen. Allerdings sind Ferrofluide preislich mit normaler Druckertinte nicht konkurrenzfähig. Daher verwendet man Ferrofluiddrucker nur dort, wo es keine Alternative gibt, wenn zum Beispiel magnetisches Material auf einen Chip aufgesprüht werden muss. Man kann natürlich auch magnetorheologische Flüssigkeiten zum Drucken verwenden, die hundertmal billiger sind. Nur muss diese Tinte dann immer gut durchmischt werden, damit die etwa ein Mikrometer großen Eisenpartikel nicht sedimentieren.

5.5   Magnetische Bremsen und Kupplungen

Ein großes Anwendungsgebiet magnetischer Flüssigkeiten sind die Bremsen und Kupplungen in Kraftfahrzeugen und anderen Maschinen. Hier werden aus Kostengründen keine echten Ferrofluide benutzt, sondern magnetorheologische Flüssigkeiten, die wir schon im Kap. 4 angesprochen haben. Bei ihnen lässt sich die Schubspannung τ während einer Scherung durch Anlegen eines Magnetfelds innerhalb von Sekundenbruchteilen um vier Größenordnung verändern. Das geschieht durch Kettenbildung der 1 bis 10 μm großen Eisenteilchen in der Flüssigkeit (s. Abb. 4.3). Eine solche besitzt in starken Feldern etwa das Verhalten von nassem Sand, ist also eine sehr gute Bremssubstanz.

In Abb. 5.5 ist das Prinzip einer **magnetorheologischen Bremse** skizziert, in Abb. 5.6 dasjenige einer solchen **Kupplung** [14]. In beiden Fällen kann durch Regulieren des Stromes in einer Feldspule das Magnetfeld im Fluidspalt gezielt verändert werden, und damit die zu steuernde Kraft um das Hundert- bis Tausendfache. Solche Kupplungen und Bremsen werden heute vor allem dort eingesetzt, wo konventionelle Geräte, die auf Festkörperreibung oder elektromagnetischer Induktion beruhen, aus verschiedenen Gründen ungünstiger sind. Ein durch den Strom in einer Feldspule veränderbares Magnetfeld ist ja ein sehr bequemer Schalter und Regulator. Man findet Ferrofluidbremsen und -kupplungen in Automobilen der gehobenen Preisklasse, bei Militärfahrzeugen, bei Hubschreibern, in Satelliten usw. Der Aufwand für den Ersatz verschlissener Werkstoffe ist bei den magnetorheologischen Geräten nicht größer als bei den mit Festkörperreibung betriebenen Bremsen und Kupplungen.

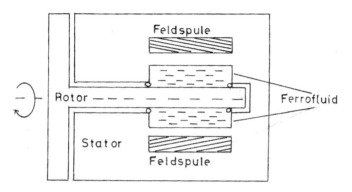

Abb. 5.5 Prinzip einer Ferrofluid-Bremse

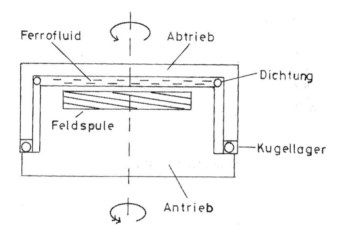

Abb. 5.6 Prinzip einer Ferrofluid-Kupplung

5.6   Ferrogele und Magnetoelastomere

Eine ganz andere Rolle als bei den bisher besprochenen Anwendungen spielen Ferrofluide in der Flüssigkristall- und Polymerphysik. Hier werden sie benutzt, um die Eigenschaften von sogenannter **weicher Materie** magnetisch zu beeinflussen

[15,16]. Dabei handelt es sich vor allem um die mechanischen Eigenschaften wie Härte, Dehnbarkeit, Fließverhalten usw., aber auch um elektrische und optische Kenngrößen. Die hier interessanten Stoffe sind **Gele, kristalline Flüssigkeiten, weiche** und **harte Polymere, Gummi** usw. Sie bestehen alle aus langgestreckten oder kettenförmigen Molekülen. Bringt man zwischen dieselben kleine magnetische Teilchen, so kann man durch äußere Magnetfelder Kräfte auf die betreffenden Substanzen ausüben. Man kann auf diese Weise ihre Moleküle orientieren, drehen, dehnen usw. Die kleinen magnetischen Teilchen werden in die Stoffe implantiert, indem man ihnen bei ihrer Herstellung Ferrofluid oder eine magnetorheologische Flüssigkeit beimischt. Legt man dabei noch ein Magnetfeld an, so bilden die magnetischen Partikel Ketten in Feldrichtung (vgl. Abb. 3.5). Diese Ketten bleiben erhalten, wenn man die polymeren Moleküle anschließend vernetzt um ihre Matrix zu festigen. Die Eigenschaften der Stoffe werden dann anisotrop, auch ohne Magnetfeld, und das kann vielfältig genutzt werden. Wir besprechen kurz ein paar Beispiele.

Flüssigkristalle bestehen aus Molekülen wie etwa Cholesterylbenzoat ($C_{34}H_{50}O_2$) oder 4-Pentylcyclohexyl-benzonitril ($C_{18}H_{25}N$). Diese Moleküle sind etwa zehnmal so lang wie breit und ordnen sich spontan in einer Richtung. Befindet sich dazwischen ein Ferrofluid und legt man ein Magnetfeld an, so lagern sich die entstehenden magnetischen Ketten an die Flüssigkeitsmoleküle (Abb. 5.7). Nun kann man durch Drehen des Magnetfelds die Orientierung der Moleküle beeinflussen. Damit lassen sich zum Beispiel LCD-Bildschirme (Liquid Crystal

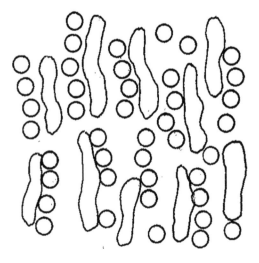

Abb. 5.7 Bild einer nematischen Flüssigkeit mit eingelagerten Ketten magnetischer Teilchen (○) aus Ferrofluiden

Displays) magnetisch beschriften, anstatt elektrisch wie normaler Weise. Das hat gewisse Vorteile, wenn elektrische Felder stören würden oder wenn man weniger Wärmeenergie dissipieren möchte.

Ein anderes Beispiel sind magnetische Polymere aus Vinylchlorid $(C_2H_3Cl)_n$ wie das bekannte PVC. Man kann es hart als **Elastomer** oder weich als **Gel** herstellen. Das letztere ist viskoelastisch, das heißt dehnbar und fließfähig, und wird durch Mischung von Vinylchlorid mit Alkoholen erzeugt. Man kennt solche Gele als Klebstoffe, Kosmetika, Cremes usw. Mit eingelagerten Ferrofluidketten, wie oben erläutert, lassen sich die Gele magnetisch steuern. Man kann zum Beispiel ihre Form verändern. In der Medizin könnte das bei künstlichen Augenlinsen nützlich sein. Anwendungen in der Kosmetikindustrie sind bisher nicht bekannt.

Bei den härteren und mehr formbeständigen **Elastomeren,** wie sie für Haushaltsgeräte verwendet werden, sind die Polymerketten stark vernetzt, oder verknäuelt wie auch beim Gummi. Hier ist vor allem die mechanische Anisotropie interessant. Härte, Dehnbarkeit und elastische Konstanten hängen dann von der relativen Orientierung der magnetischen Ketten, der Magnetfeldrichtung und der Kraftwirkung ab (Abb. 5.8). Als Beispiel zeigt die Abb. 5.9 die Spannungs-Dehnungs-Kurve eines solchen Stoffes für zwei verschiedene Orientierungen von Kraft und Ketten. Wirken beide in derselben Richtung, so ist das Material viel härter als senkrecht dazu. Auch die Eigenschaften des bekannten Elastomers Polystyrol $(C_8H_8)_n$ lassen sich in ähnlicher Weise durch eingelagertes Ferrofluid steuern. Magnetisch dotiertes Polystyrol ist für viele Verpackungs- und Dämpfungszwecke von Nutzen, sowie als Dämmstoff mit anisotroper Wärmeleitung.

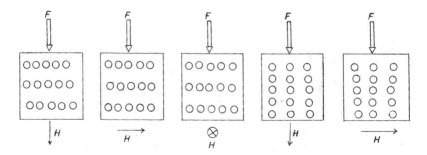

Abb. 5.8 Verschiedene Orientierungen von mechanischer Kraft *F,* Magnetfeld *H* und Kettenrichtung in Magnetoelastomeren

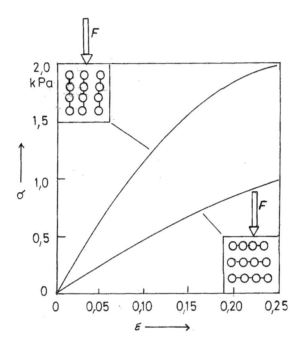

Abb. 5.9 Spannungs-Dehnungs-Kurve $\sigma(\varepsilon)$ eines Magnetoelastomers in zwei verschiedenen Richtungen von Kraft **F** und Ketten. (Nach [16])

5.7   Dämpfung von Wellen

Nun besprechen wir noch kurz ein ganz neues Phänomen, bei dem Ferrofluide eine Rolle spielen, die Dämpfung von Wasserwellen durch magnetische Kräfte. Die Untersuchung dieser Erscheinung ist gerade erst erschienen [26], und es gibt noch keine Vorschläge für Anwendungsmöglichkeiten. Bekanntlich regt der Wind, der über eine Wasseroberfläche streicht, diese zu wellenförmigen Bewegungen an. Die Einzelheiten dieser Erscheinung wurden um 1870 von Hermann von Helmholtz und William Thomson (Lord Kelvin) studiert. Ihre Entstehung heißt daher **Kelvin–Helmholtz-Instabilität.** Bedeckt man nun eine Wasseroberfläche mit einer dünnen Ferrofluidschicht und legt ein magnetisches Feld an, parallel zur Oberfläche und senkrecht zur Wellengeschwindigkeit, so werden die Wellen gedämpft. Ihre Höhe wird reduziert oder sie verschwinden ganz. Die Ursache dafür ist die magnetische Kraft, welche bestrebt ist, die Ferrofluidschicht möglichst eben zu halten. Dadurch sinkt ihre magnetostatische Energie, weil keine Streufelder entstehen. In der zitierten Publikation [26] wird dieser Effekt zum ersten Mal experimentell untersucht. Theoretische Überlegungen dazu gab es schon früher. Diese wurden glänzend bestätigt. Das Ergebnis: Mit üblichen Ferrofluiden und mit Magnetfeldstärken von wenigen Kiloamper pro Meter lässt sich die Wellenentstehung praktisch unterdrücken. Ob dieser Effekt technisch einmal genutzt werden kann, das muss sich erst zeigen. Sicher wird man damit keine Meereswellen dämpfen, denn Ferrofluide sind dafür viel zu teuer, und mit normalem Mineralöl geht das einfacher.

Hiermit beenden wir den Überblick über die vielseitigen Verwendungsmöglichkeiten magnetischer Flüssigkeiten in der Technik. Viele dieser Ideen und Laborversuche harren noch ihrer Anwendungen in der Praxis. Dabei spielt oft der hohe Preis der Ferrofluide eine Rolle, der gegen den erzielten Nutzen abgewogen werden muss. Aber der technischen Phantasie sind ja keine Grenzen gesetzt. So erscheint etwa jeden Monat in der Fachliteratur ein neuer Vorschlag, was man mit magnetischen Flüssigkeiten machen könnte.

Ferrofluide in der Medizin

6

Wie bei den technischen Anwendungen der Ferrofluide gibt es auch auf medizinischem Gebiet viele interessante Möglichkeiten. Aber nur wenige davon werden bis heute in der Praxis wirklich genutzt. Der Grund dafür ist nicht der hohe Preis der Ferrofluide von etwa 1000 € pro Liter. In der Humanmedizin gibt es vielmehr sehr strenge Vorschriften dafür, unter welchen Bedingungen ein Medikament oder eine Heilmethode allgemein zugelassen wird. Und diese Bedingungen lassen sich bei der Verwendung von Ferrofluiden oft nicht leicht erfüllen. Diese müssen natürlich biokompatibel sein, das heißt körperverträglich ohne unerwünschte Nebenwirkungen. Sie dürfen auch nicht koagulieren und Blutgefäße verstopfen, und sie müssen im Körper störungsfrei wieder abgebaut werden können.

Ein großer Vorteil der Ferrofluide besteht darin, dass sie sich im Körper mit Hilfe eines Dauermagneten oder einer Feldspule positionieren lassen (Abb. 6.1). Man injiziert die Substanz irgendwo in den Blutkreislauf und konzentriert sie dann mit einem Magneten dort, wo sie wirken sollen. Das kann ein beliebiges Organ oder ein Tumor sein, aber auch ein Objekt, das man mittels bildgebender Methoden untersuchen möchte, mit Ultraschall, mit Röntgenstrahlen oder mit Magnetresonanz. Wir besprechen im Folgenden zunächst drei Methoden, bei denen das Fluid direkt mit dem Körper wechselwirkt. Danach werfen wir noch einen Blick aus medizinisch-physikalische Hilfsmittel, die mit Ferrofluiden betrieben werden können.

6.1 Ferrofluide zum Transport von Medikamenten

Schon bald nach der Erfindung der Ferrofluide entstand die Idee, sie zum Transport von Medikamenten und anderen chemischen Substanzen in Pflanzen und Tieren zu benutzen. Denn wie in Abb. 6.1 zu sehen ist, lassen sich Ferrofluide

K. Stierstadt, *Ferrofluide im Überblick*, essentials,
https://doi.org/10.1007/978-3-658-32708-8_6

Abb. 6.1 Positionierung
von magnetischen
Flüssigkeiten im
Blutkreislauf

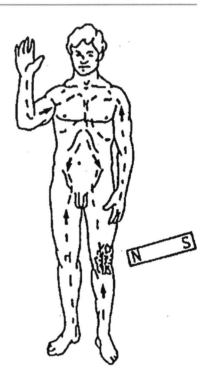

durch relativ geringe magnetische Kräfte in Organismen gezielt bewegen und positionieren. Und die Schutzhülle auf der Oberfläche eines Magnetitteilchens (s. Abb. 2.2) bietet eine chemisch aktive Oberfläche, auf der man andere Moleküle adsorbieren und wieder desorbieren kann. Das ist besonders für den Medikamententransport in Krankheitsherde interessant (sogenanntes *drug targeting*). Das können zum Beispiel Antikrebsmittel sein, die sich auf diese Weise in einen Tumor inkorporieren lassen. Man braucht dann das betreffende Medikament nur mit einem Magneten an den gewünschten Ort zu ziehen. Das ist oft wirkungsvoller als direkte Injektion in den Tumor, weil das Medikament durch die Blutgefäße gleichmäßiger verteilt wird. An Ort und Stelle werden die Medikamentmoleküle dann wieder von den Ferrofluidteilchen desorbiert. Das kann auf chemischem Wege oder auch durch Erwärmung geschehen (s. Hyperthermie im folgenden Abschnitt).

Derartige Behandlungen sind am Menschen nur in ganz wenigen Ausnahmefällen durchgeführt worden, weil die für eine allgemeine Zulassung notwendigen

Sicherheitsgarantien bisher nicht erfüllt werden konnten. Aber Tierversuche an Mäusen. Ratten, Meerschweinchen und Kaninchen brachten erstaunlich gute Ergebnisse. Als Beispiel zeigt die Abb. 6.2 die Überlebenswahrscheinlichkeit von Kaninchen nach Injektion eines mit dem Krebsmedikament Mitoxantron beladenen Ferrofluids in künstlich erzeugte Tumore [18]. Ohne Medikament starben die infizierten Tiere im Mittel nach 15 Tagen. Aber mit nur 10 % der maximal notwendigen Dosis lebte nach 110 Tagen noch ein Viertel der Tiere, und die Tumore waren komplett verschwunden. Die Magnetitteilchen des Ferrofluids erhielten bei diesen Versuchen eine Schutzhülle aus biokompatibler Laurinsäure ($C_{12}H_{24}O_2$). An deren hydrophoben Enden wurde das Mitoxantron adsorbiert. Das in die den Tumor versorgende Arterie injizierte Ferrofluid wurde dann mit einem Dauermagneten 20 min lang konzentriert. Nach 24 h befanden sich noch 50 % der injizierten Menge im Tumor, der Rest in anderen Organen. Ähnlich gute Ergebnisse hat man bei anderen Versuchstieren erhalten. In der Humanmedizin hat sich die Methode aus den oben genannten Sicherheitsgründen noch nicht durchgesetzt.

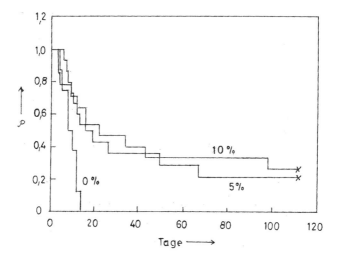

Abb. 6.2 Überlebenswahrscheinlichkeit $\mathcal{P}$ von 67 Kaninchen nach Tumorbehandlung mit Mitoxantron in Ferrofluid für 0 %, 5 % und 10 % der Maximaldosis. (Nach [18])

6.2   Ferrofluide für die Hyperthermie

In der Krebsbekämpfung gibt es eine ähnliche medizinische Anwendung der Ferrofluide, nämlich die Hyperthermie. Bekanntlich werden Krebszellen durch höhere Temperatur leichter zerstört als gesunde Körperzellen. Injiziert man Ferrofluid in einen Tumor, dann kann man durch ein von außen angelegtes magnetisches Wechselfeld die Magnetitteilchen erhitzen und so den Tumor schädigen oder zerstören. Ein derartiges Wechselfeld induziert in den kolloidalen Teilchen Ummagnetisierungen. Die Feldenergie wird dabei durch Wirbelstrom- und Hystereseverluste dissipiert, das heißt, in Wärmeenergie umgewandelt. Die Hystereseverluste entstehen bei der Ummagnetisierung vor allem durch Anregung von Gitterschwingungen im Magnetit (s. Lehrbücher der Festkörperphysik).

Will man auf diese Weise einen Tumor zerstören, so benutzt man ein biokompatibles Ferrofluid mit Schutzhüllen (s. Abb. 2.3) aus Stärke oder Dextran $[H(C_6H_{10}O_5)_nOH]$. Man injiziert einige 10 Milligramm Ferrofluid pro Kubikzentimeter entweder direkt in den Tumor oder in die ihn versorgende Arterie. Eventuell konzentriert man das Ferrofluid noch zusätzlich mit einem Magneten. Anschließend bringt man den Tumor in ein magnetisches Wechselfeld, das durch eine von außen angelegte Stromspule erzeugt wird. Dieses Feld heizt das Ferrofluid im Tumor auf einige Grad über die Körpertemperatur auf, und nach 5 bis 10 min ist er zerstört. Er wird dann vom Körper abgebaut, und der Magnetit des Ferrofluids wird in der Leber oder in anderen Organen gespeichert, um das darin enthaltene Eisen zu verwerten. Die zur Zerstörung eines Tumors notwendige elektromagnetische Leistung beträgt bei einer Feldstärke von 10^4 Amper pro Meter und einer Frequenz von 100 Kilohertz je nach Tumorgröße zwischen 10 und 100 Watt pro Gramm Gewebe. Die erreichte Temperaturerhöhung ist proportional zur Frequenz und zum Quadrat der magnetischen Wechselfeldstärke sowie zur Konzentration des Ferrofluids und umgekehrt proportional zur Oberfläche des Tumors. In der Abb. 6.3 ist dieser Zusammenhang für einige Parameter dargestellt.

Das Verfahren wurde in vielen Tierversuchen und auch am Menschen erprobt [20]. Aber bis heute ist es nicht als Standardmethode in der Humanmedizin zugelassen. Das hat mehrere Gründe: In Tierversuchen hat man bestimmte Tumore zwar vollständig beseitigen können [21]. Aber es gibt Nebenwirkungen, wenn Temperatur, Feldstärke, Frequenz und Ferrofluidkonzentration nicht in sehr engen Grenzen gehalten werden. Dann kann nicht nur der Tumor zerstört werden, sondern auch benachbartes gesundes Gewebe. So vertragen menschliche Weichteilorgane nur maximal 46 °C. Um einen Tumor komplett zu zerstören braucht man in diesem aber mindestens 50 °C. Auch das elektrische Wechselfeld der Spulen stört verschiedene physiologische Prozesse im Körper. Außerdem ist es nicht

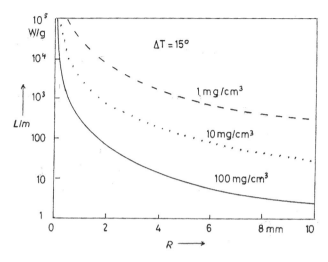

Abb. 6.3 Spezifische Wärmeleistung L/m als Funktion des Tumorradius R für verschiedene Konzentrationen des Ferrofluids und für eine Temperaturerhöhung von 15 Grad über die Gewebetemperatur

einfach, im ganzen Tumorvolumen eine gleichmäßige Temperatur zu verwirklichen. Schließlich neigen die Magnetitteilchen im Ferrofluid zur Koagulation, was zur Verstopfung mikroskopischer Blutgefäße und zur Embolie führen kann. Alle diese Nebenwirkungen sind bis heute nicht vollständig beherrschbar. Und daher befindet sich die Magnetohyperthermie noch im vorklinischen und klinischen Versuchsstadium [22].

6.3 Ferrofluide als Kontrastmittel

In der medizinischen Bildgebung verwendet man verschiedene Arten von Strahlen, den Ultraschall, die Röntgenstrahlen sowie die elektromagnetische Hochfrequenz in der Magnetoresonanztomographie bzw. Kernspinrelaxation. Bei all diesen Verfahren werden Kontrastmittel benutzt, um die Bildqualität zu verbessern. Diese Mittel lagern sich bevorzugt in bestimmten Organen oder Strukturen des Körpers an und erhöhen so lokal die Absorption der betreffenden Strahlung.

- In der Ultraschallsonographie lässt sich der Gewebekontrast durch gasgefüllte Mikrobläschen von einigen tausendstel Millimeter Durchmesser verstärken. Diese Bläschen streuen die Schallwellen und liefern so einen Kontrast.
- Bei der Röntgendiagnostik benutzt man iod- oder bariumhaltige Substanzen. Deren schwere Atome absorbieren Röntgenstrahlen stärker als die meisten Bestandteile der lebenden Materie.
- In der Magnetoresonanztomographie („MRT") werden heute vor allem Gadoliniumverbindungen und gelegentlich Ferrofluide benutzt. Denn die Atome des Gadoliniums und die des Eisens in den Fluiden sind magnetisch und verstärken das Signal-Rausch-Verhältnis im MRT-Signal.

Alle derartigen Kontrastmittel werden vor oder während der Untersuchung in den Körper injiziert und breiten sich dort über den Blutkreislauf in die Organe aus. Die Ferrofluide haben aber zusätzlich den hochgeschätzten Vorteil, dass man sie durch ein äußeres Magnetfeld im Körper positionieren kann, zum Beispiel in einem Tumor (s. Abb. 6.1) [22].

Die Wirkung der Ferrofluide in der Magnetoresonanztomographie wollen wir kurz erläutern [23]. Das Bild entsteht hier aus den Kernen der Wasserstoffatome, die in organischer Materie allgegenwärtig sind, und die von einem Magnetfeld bewegt werden können. Das ist in der Abb. 6.4 vereinfacht skizziert. Diese Kerne sind Protonen und besitzen ein magnetisches Moment ähnlich einer kleinen Kompassnadel. Sie können daher in einem konstanten Gleichfeld $H_=$ ausgerichtet werden (Teilbild a) oder in einem überlagerten Wechselfeld $H_\approx$ taktgleich präzedieren (Teilbild b). Das Gleichfeld hat dafür Werte von einigen Tesla (bzw. 10^6 A/m); die Frequenz des Wechselfeldes von einigen Mikrotesla Stärke beträgt etwa 100 MHz. Schaltet man das betreffende Feld ab, so relaxieren die Momente in ihre Gleichgewichtszustände. Das geschieht bei (a) in einen Zustand, bei dem gleichviele Momente nach oben und nach unten zeigen, und das mit einer Zeitkonstante T_1. Bei (b) relaxieren sie von der gleichphasigen Präzession in eine phasenungeordnete mit der Zeitkonstante T_2. Diese Zeiten werden mit der Apparatur gemessen. Sie hängen davon ab, in welcher molekularen Umgebung sich die Wasserstoffatome befinden, denn die Wechselwirkung mit den Nachbaratomen beeinflusst die Relaxationszeiten. Die Zeitkonstante T_1 hat Werte zwischen etwa 200 ms für Fettgewebe und 2,5 s für Wasser; T_2 liegt dabei zwischen 80 und 1400 ms. Mit einem Computer werden diese Zeitwerte in Graustufen für das Bild umgesetzt. Wenn das Volumen des Organs mit einem System von Empfängerspulen abgetastet wird, erhält man entsprechende Schnittbilder. Soweit unsere Kurzbeschreibung der Magnetoresonanztomographie.

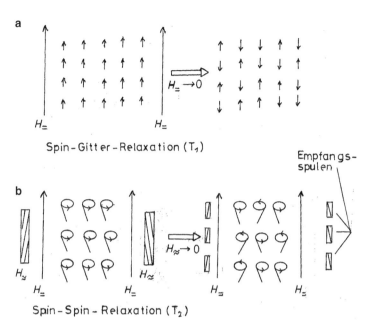

Spin-Gitter-Relaxation (T_1)

Spin-Spin-Relaxation (T_2)

Abb. 6.4 Funktionsweise des Magnetoresonanzverfahrens. (**a**) Ausrichtung der Kern-momente (↑) in einem magnetischen Gleichfeld $H_=$ und Relaxation beim Ausschalten desselben in den ungeordneten Gleichgewichtszustand. (**b**) Phasengleiche Präzession der Momente um die Gleichfeldachse unter der Wirkung eines Wechselfeldes $H_\approx$ und Phasendispersion nach Abschalten desselben

Die oben erwähnten magnetisierbaren Kontrastmittel verstärken das innere Magnetfeld an den Orten, wo sie appliziert werden, und damit verändern sich die Zeitkonstanten und die daraus entstehenden Grautöne des Bildes. So kann man bestimmte Bereiche hervorheben und den Kontrast erhöhen. Die hierfür häufig benutzten Gadoliniumsalze sind allerdings giftig und können zu Herzstörungen führen. Man kann sie daher nur beschränkt verwenden. Wenn möglich, ersetzt man sie durch Ferrofluide oder Goldkolloide. Die Ferrofluide kann man im Körper gezielt positionieren, was ein großer Vorteil ist. Übrigens werden Ferrofluide aus dem gleichen Grund auch in Röntgen-Computertomographie eingesetzt. Diese hat gegenüber der Magnetresonanz jedoch Nachteile. Die Röntgenstrahlung erzeugt bei zu hoher Dosis Strahlenschäden und ihr Bildkontrast ist schlechter.

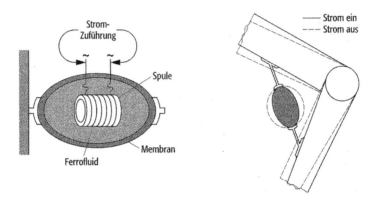

Abb. 6.5 Prinzip eines magnetischen Muskels auf Ferrofluidbasis

6.4   Künstlicher Muskel mit Ferrofluiden

Die von Magnetfeldern auf Ferrofluide wirkenden Kräfte können nicht nur in der Technik sondern auch in der Medizin sinnvoll genutzt werden. Als erstes Beispiel dient das Projekt eines künstlichen Muskels (Abb. 6.5). Gegenüber den in Robotern verwendeten Kunstmuskeln, die aus festen Materialien bestehen, haben diese Muskeln den Vorteil, dass sie im Wesentlichen aus weicher Materie zusammengesetzt sind. Man kann sie daher problemloser in biologisches Gewebe einpflanzen. Anstelle der magnetischen Flüssigkeiten lassen sich hier auch Ferrogele oder magnetisch dotierte Flüssigkristalle verwenden (s. Abschn. 5.6). In Tierversuchen hat man solche Ferrofluidmuskeln bereits erprobt. Über Anwendungen in der Humanmedizin ist bisher noch nichts bekannt.

6.5   Herzpumpe mit Ferrofluiden

Im Abschn. 5.2 hatten wir schon eine mit Ferrofluid betriebene Pumpe für Flüssigkeiten besprochen. Eine Weiterentwicklung davon ist die künstliche Herzpumpe. Ihr Prinzip ist in Abb. 6.6 beschrieben. Ein mit Blut gefüllter Gummibehälter wird durch wechselnde Magnetisierung von Ferrofluidschichten periodisch komprimiert und gedehnt. Dadurch kann der Blutdruck in einer Herzkammer wechselweise erhöht und gesenkt werden. Gegenüber einer konventionellen Herzpumpe auf Festkörperbasis hat das mit Ferrofluiden betriebene System einige

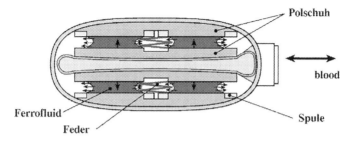

Abb. 6.6 Wirkungsweise einer künstlichen Herzpumpe auf Ferrofluidbasis

Vorteile. Die Kraftübertragung kann hier komplett mit weicher Materie erfolgen; auch die Polschuhe können aus Magnetoelastomeren bestehen (s. Abschn. 5.6). Bisher wurden meines Wissens nur Labormuster einer solchen Pumpe betrieben, diese aber noch nicht in der Tier- oder Humanmedizin erprobt [12].

6.6 Autonome Sonden mit Ferrofluiden

In der medizinischen Endoskopie besteht manchmal die Aufgabe, eine autonome, das heißt selbstbewegliche Sonde durch ein Blutgefäß oder ein anderes Organ zu schicken. Ähnliche Probleme gibt es natürlich auch in der Gerätetechnik und in Rohrsystemen. Bei solchen medizinischen Robotern können Ferrofluide von Nutzen sein. Dazu befestigt man die gewünschte Sonde an einem Stück dünnwandigen Kunststoffschlauch und füllt diesen mit magnetischer Flüssigkeit. Den Schlauch führt man in das zu untersuchende Hohlorgan oder Rohrsystem ein. Ein solcher **magnetischer Wurm** lässt sich dann durch inhomogene Magnetfelder positionieren und bewegen. Er verhält sich ähnlich wie ein Regenwurm in der Erde. Anstelle des Kunststoffschlauchs kann man übrigens auch ein stabförmiges Stück eines weichen Ferroelastomers verwenden (s. Abschn. 5.6). Die Abb. 6.7 zeigt das Prinzip der magnetischen Fortbewegung des Wurms in einer Röhre [24]. Mittels von außen angelegter fortschreitender Magnetfelder entlang des Kanals lässt man den Wurm darin entlang kriechen. Die an seinem Kopfende befestigte Sonde kann dabei Messungen durchführen und Signale nach außen senden.

An die Spulen in Abb. 6.7 wir ein magnetisches Wanderfeld angelegt, sodass sich der Wurm schlangenförmig fortbewegt. Das ist in Abb. 6.8 gezeigt. Dieser Wurm ist 48 mm lang, hat 4 mm Durchmesser, und der Kanal ist 11 mm weit. Die Feldspulen haben einen gegenseitigen Abstand von 10 mm und wurden mit

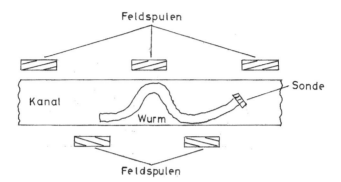

Abb. 6.7 Spulensystem zur Bewegung eines magnetischen Wurms in einem Kanal

einer Frequenz zwischen 10 und 100 Hz betrieben. In diesem Bereich nimmt die Kriechgeschwindigkeit des Wurms linear mit der Frequenz zu und beträgt bei 100 Hz 8 cm pro Sekunde. Über Tierversuche mit einem solchen magnetischen Wurm ist bis heute noch nichts bekannt.

Abb. 6.8 Momentaufnahmen der Bewegung eines magnetischen Wurms (Ferroelastomer) in einem Kanal. Die Zeit läuft von oben nach unten. (mit freundlicher Genehmigung von K. Zimmermann [24])

Was Sie aus diesem *essential* mitnehmen können

- Magnetische Flüssigkeiten sind ein neuartiger Werkstoff mit zahlreichen Anwendungsmöglichkeiten in Technik und Medizin.
- Magnetische Flüssigkeiten kann man mit geringen chemischen Kenntnissen selbst herstellen. Sie bestehen im Wesentlichen aus Wasser oder Öl mit Magnetitpulver.
- Magnetische Flüssigkeiten erfahren in einem moderaten Magnetfeld Kräfte, die vergleichbar mit der Schwerkraft sind.
- Magnetische Flüssigkeiten dienen in der Technik zur reibungsarmen Kraftübertragung in Geräten und Maschinen.
- Magnetische Flüssigkeiten können in der Medizin zur Krebsbekämpfung verwendet werden, ferner zur Bildgebung in der Magnetoresonanz-Tomographie und für medizintechnische Hilfsmittel.

Anhang. Magnetische Eigenschaften der Materie

A.1 Kraft und Drehmoment im Magnetfeld

Magnetische Felder sind in Natur und Technik allgegenwärtig und alle Materie reagiert auf ein magnetisches Feld. Die Bestandteile der Materie besitzen nämlich außer der Masse und der elektrischen Ladung noch eine weitere intrinsische Eigenschaft: das **magnetische Moment m**. Und dieses ist seiner Natur nach ein **Dipolmoment**. Es gibt nämlich keine magnetischen Einzelpole. Man kann sich die atomaren magnetischen Momente anschaulich als kleine Kompassnadeln vorstellen, aber das ist nur eine Analogie! Ein magnetisches Moment reagiert auf Wirkung eines magnetischen Feldes H, indem es seine Lage und seine Richtung verändert bzw. dem Feld anpasst. Auf die Bestandteile der Materie wirkt also eine Kraft

$$F = \mu_0 \left(m \cdot \nabla \right) H \tag{A.1}$$

und ein Drehmoment

$$D = \mu_0 m \times H \tag{A.2}$$

mit der Induktionskonstante $\mu_0 = 4\pi \cdot 10^{-7}$ Vs/Am. Die Kraft verschwindet in einem homogenen Feld, das Drehmoment aber nicht.

Das magnetische Moment m_k der kondensierten Materie setzt sich vektoriell aus den Momenten (m_a) der Atome zusammen. Die Dichte des makroskopischen magnetischen Moments $m_k = \sum m_a$ ist die **Magnetisierung $M = m_k/V$** bzw. das **spezifische Moment**. Für Kraft und Drehmoment gilt dann $F = \mu_0 V \left(M \cdot \nabla \right) H$ bzw. $D = \mu_0 V M \times H$.

© Der/die Herausgeber bzw. der/die Autor(en), exklusiv lizenziert durch Springer Fachmedien Wiesbaden GmbH, ein Teil von Springer Nature 2020
K. Stierstadt, *Ferrofluide im Überblick,* essentials,
https://doi.org/10.1007/978-3-658-32708-8

In der Literatur findet man oft die Beziehungen (A.1) und (A.2) mit der **Induktion** B anstelle des Feldes H, aber ohne μ_0, wobei B manchmal ebenfalls als „Feld" bezeichnet wird. Für den Zusammenhang beider Größen gilt die Definition

$$B \equiv \mu_0 (M + H) \tag{A.3}$$

und im leeren Raum ($M = 0$) dann $B = \mu_0 H$. Die Schreibweise mit B statt H ist nur eine andere Bezeichnungsweise für denselben Sachverhalt. Die Maßsystemkonstante μ_0 tritt dann an anderen Stellen in den Gleichungen auf. Die Einheiten von M und H lauten A/m, diejenige von B Vs/m^2 bzw. Tesla (T).

A.2 Feld und Energie von Dipolen

Das Magnetfeld, welches ein magnetischer Dipol m in seiner Umgebung erzeugt, lautet

$$H(r) = \frac{1}{4\pi} \left(\frac{3r(m \cdot r)}{r^5} - \frac{m}{r^3} \right). \tag{A.4}$$

Man findet diese Beziehung, indem man den Dipol gedanklich aus zwei Punktladungen zusammensetzt und deren Felder überlagert. Oder man wertet das Biot-Savart-Gesetz für einen Kreisstrom aus. Die potenzielle Energie E_{dd} zweier Dipole im Abstand r ergibt sich durch skalare Multiplikation von Gl. (A.4) mit $\mu_0 m$:

$$E_{dd} = \frac{\mu_0}{4\pi} \left(\frac{(m_1 \cdot m_2)}{r^3} - \frac{3}{r^5}(m_1 \cdot r)(m_2 \cdot r) \right). \tag{A.5}$$

A.3 Feld- und Temperaturabhängigkeit der Magnetisierung

Die Langevin-Funktion Gl. (3.1) beschreibt die Abhängigkeit der Magnetisierung eines Para- oder Superparamagnetikums vom Magnetfeld und von der Temperatur. Wir wollen sie kurz begründen. Ein atomares oder ein mikroskopisch kleines magnetisches Moment m befindet sich in kondensierter Materie immer im „Wärmebad" der Atome seiner Umgebung (s. [11]). Dann gilt für die Wahrscheinlichkeit $\mathcal{P}$ eines seiner Zustände die Boltzmann-Verteilung (nach Ludwig

Boltzmann):

$$\mathcal{P} = \frac{e^{-\varepsilon/kT}}{\sum e^{-\varepsilon/kT}}. \tag{A.6}$$

Die Energie von $\boldsymbol{m}$ im Feld $\boldsymbol{H}$ ist definitionsgemäß

$$\varepsilon = -\mu_0 \boldsymbol{m} \cdot \boldsymbol{H} = -\mu_0 m H \cos \upsilon, \tag{A.7}$$

mit dem Winkel ϑ zwischen $\boldsymbol{m}$ und $\boldsymbol{H}$. Die Wahrscheinlichkeit für eine bestimmte Winkelstellung des Moments liefert seinen Mittelwert $\langle m \rangle$ in Feldrichtung und ist nach Gl. (A.6) und (A.7)

$$\langle m \rangle = m \langle \cos \vartheta \rangle = m \frac{\int_0^\pi \cos \vartheta \, e^{\mu_0 m H \cos \vartheta/(kT)} \mathrm{d}\cos \vartheta}{\int_0^\pi e^{\mu_0 m H \cos \vartheta/(kT)} \mathrm{d}\cos \vartheta} \tag{A.8}$$

(siehe Lehrbücher der Thermodynamik). Mit der Abkürzung $\cos\vartheta = x$ und $\mu_0 m H/(kT) = \alpha$ lautet Gl. (A.8)

$$\langle m \rangle = m \frac{\int_{-1}^{+1} x e^{\alpha x} \, \mathrm{d}x}{\int_{-1}^{+1} e^{\alpha x} \, \mathrm{d}x}. \tag{A.9}$$

In einer mathematischen Formelsammlung findet man diese Integrale und für den Mittelwert des Moments die Beziehung

$$\frac{\langle m \rangle}{m} = \coth \alpha - \frac{1}{\alpha}. \tag{A.10}$$

Das ist die Langevin-Funktion Gl. (3.1) und Abb. 3.1.

Literatur

1. Papell, S. S. (1965). *Low viscosity magnetic fluid obtained by the colloidal suspension of magnetic particles.* US Patent 3,215,572.
2. Rosensweig, R. E. (1985). *Ferrohydrodynamics.* Cambridge, Cambridge University Press.
3. Odenbach, S. (2001). *Ferrofluide – ihre Grundlagen und Anwendungen.* Phys. i. u. Zeit **32**, 122.
4. Winklhofer, M. (2004). *Vom magnetischen Bakterium zur Brieftaube.* Phys. i. u. Zeit **35**, 120.
5. Reuß, S. u. Wilhelm, T. *Herstellung und Anwendung von Ferrofluiden.*www.thomas-wilhelm.net/veroeffentlichung/Ferrofluid.pdf.
6. Schüler, K. u. Uebe, R. (2019). *Nanokristalle für die Magnetfeldorientierung – Biogenese von Magnetosomen.* Biospektrum **25**(1), 22.
7. Servick, K. (2019). *Humans may sense Earth's magnetic field.* Science **363**, 1257.
8. Vangijzegen, T. u. a. (2020). *Influence of Experimental Parameters of a Continuous Flow Process on the Properties of Very Small Iron Oxid Nanoparticles (VSION) Designed for T_1-Weighted Magnetic Resonance Imaging (MRI).* Nanomaterials **10**, 757.
9. International Conference on Magnetic Fluids (2019). https://premc.org/doc/ICMF19/ICMF19_Book_Of_Abstacts.pdf.
10. N. N. (2020). *Selected Papers of the 15th International Conference on Magnetic Fluids.* In: J. Mag. Mag. Mat., Vol. **493 – 508**.
11. Stierstadt, K. (2018). *Thermodynamik für das Bachelorstudium.* Berlin, Springer.
12. Nethe, A. (2007). *Ferrofluide in Technischen Anwendungen.* Vortrag, www.nethe.de.
13. Stierstadt, K. (1990). *Magnetische Flüssigkeiten – flüssige Magnete.* Phys. Bl. **46**, 377.
14. Maas, J. u. a. (2009). *Kupplungssysteme auf Basis magnetorheologischer Flüssigkeiten.* Bericht, Wikipedia.
15. Menzel, A. M. (2015). *Tuned, driven and active soft matter.* Phys. Rep. **554**, 1.
16. Filipcsei, G. u. a. (2007). *Magnetic Field Responsive Smart Polymer Composites.* Adv. Polym. Sci. **206**, 137.
17. Odenbach, S. (1994). *Mikrogravitationsexperimente zur thermomagnetischen Konvektion.* Phys. Bl. **50**, 350.

18. Tietze, R. u. a. (2013). *Efficient drug-delivery using magnetic nanoparticles – biodistribution and therapeutic effects in tumor bearing rabbits.* Nanomedicine **9**, 961.

19. Dutz, S. u. Hergt, R. (2014). *Magnetic particle hyperthermia – a promising tumor therapy?* Nanotechnology **25**, 452001.

20. Johannsen, M. u. a. (2007). *Thermotherapy of Prostate Cancer Using Magnetic Nanoparticles. Feasibility, Imaging, and Three-Dimensional Temperature Distribution.* Europ. Urol. **52**, 1653 u. Int. J. Hypertherm. **23**, 315.

21. Jordan, A. u. a. (1999). *Magnetic fluid hyperthermia (MFH): Cancer treatment with AC magnetic field induced excitation of biocompatible superparamagnetic nanoparticles.* J. Magn. Mag. Mat. **201**, 413.

22. Hilger, I. u. Kaiser, W. A. (2012). *Iron oxid based nanostructures for MRI and magnetic hyperthermia.* Nanomedicine **7**(9), 1443.

23. Pabst, C. (2013). *Magnetoresonanz-Tomographie.* Manuskript, Universitätsklinik Marburg, www.ukgm.de.

24. Zimmermann, K. u. a. (20016). *Modeling of locomotion systems using deformable magnetizable media.* J. Phys., Cond. Mat. **18**, S2973.

25. Novak, J. u. a. (2014). *The Magnetovicous Effect of a Biocompatible Ferrofluid at High Sheer Rates.* IEEE Trans. Magn. **50**, No. 11.

26. Kögel, A, Völkel, A. u. Richter, R. (2020). *Calming the waves, not the storm: measuring the Kelvin-Helmholtz instability in a tangential magnetic field.* J. Fluid Mech. **903**, A47.

Printed in the United States
By Bookmasters